Michaela Koschak

Klimaschutz im Alltag

Kleine Taten, große Wirkung

Für die besten Kinder der Welt: Momo und Ben sowie für meine wunderbaren Eltern und meinen tollen Bruder Mike

ISBN 978-3-89798-569-8

Covergestaltung und Layout: Carmen Klaucke, Berlin
Illustrationen: Ksusha Dusmikeeva/shutterstock.com
bzw. S. 18/19: Unitone Vector/shutterstock.com
Druck und Bindung: Livonia Print, SIA, Riga

FSC www.fsc.org
MIX
Papier aus verantwortungsvollen Quellen
FSC® C002795

Printed in Lettland

MICHAELA KOSCHAK

KLIMASCHUTZ IM ALLTAG

KLEINE TATEN GROSSE WIRKUNG

BuchVerlag für die Frau

INHALT

EINLEITUNG

In den letzten Jahren war neben vielen anderen Ereignissen der KLIMAWANDEL stets ein Thema, was die Medien beherrschte und beherrscht. Hinzu kam die »FRIDAYS FOR FUTURE«-Bewegung, die noch einmal sehr erfolgreich die Aufmerksamkeit auf dieses große Problem gelenkt hat. Doch was bedeutet Klimawandel eigentlich genau? Was passiert da in unserer Atmosphäre bzw. was bewirken die Treibhausgase KOHLENDIOXID und METHAN? Wie wird sich unser Klima weiterentwickeln?

Sie sehen schon an diesen Fragestellungen: Der Klimawandel ist ein weites, ein Buch füllendes Thema. Aber in diesem Buch soll es um uns gehen, was WIR für den Klimaschutz tun können, damit es unsere Kinder, Enkel und Urenkel auch weiterhin gut auf diesem Planeten haben werden.

Aber um richtig zu handeln, ist es wichtig, möglichst viel über dieses Thema zu wissen, denn Bildung gehört mit zum besten Klimaschutz. Somit beginnt dieses Buch zunächst mit einer hoffentlich verständlichen Annäherung an das »weite Feld« Klimawandel.

KLIMAWANDEL – WAS BEDEUTET DAS?

Klimawandel gab es schon immer und wird es auch immer geben. Die Erde ist 4,6 Milliarden Jahre alt und hat schon ganz andere Klimaphasen hinter sich. Es war schon einmal sehr viel wärmer und es gab auch schon deutlich kältere Zeiten. Die Sonne schickt nicht immer genauso viel Energie und Wärme zur Erde (Sonnenfleckenzyklus), die Lage der Erde zur Sonne verändert sich, Vulkanausbrüche und Asteroideneinschläge haben das Klima der Erde ebenfalls maßgeblich beeinflusst, was zum Beispiel für das Aussterben von Sauriern und Mammuts verantwortlich war. Da gab es uns Menschen noch nicht, zum Glück, denn wir sind sehr empfindlich und hätten diese Klimaschwankungen mit großer Sicherheit auch nicht überlebt. Die Pflanzen- und Tierwelt passt sich an die unterschiedlichen Klimata an: Einige Rassen und Arten sterben aus, andere entstehen. Bei uns Menschen funktioniert dies nicht. Wir haben jedoch einen maßgeblichen Einfluss auf die jetzigen Klimaschwankungen, da sind sich die meisten Wissenschaftler einig.

Ja, auch schon früher hat sich unser Klima teils beträchtlich verändert: An den Jahresringen von Bäumen und an langsam wachsenden Korallenstöcken konnten Forscher das sehr detailliert sehen. Die Jahresringe der Bäume verändern ihre Dicke und Holzdichte mit der Temperatur. Am Wachstum der Korallen kann man Veränderungen der Wassertemperatur ablesen.

Nehmen wir als Vergleich die Kleine Eiszeit, die vom 15. bis zum 19. Jahrhundert reichte. Dort herrschten im 15. Jahrhundert die tiefsten Temperaturen im Zentral- und Ostpazifik. Im 17. Jahrhundert fror man vor allem in Nordwesteuropa und im südöstlichen Nordamerika. Im 19. Jahrhundert waren wieder andere Regionen auf der Welt betroffen, aber es gab bisher nie eine weltweite Erwärmung überall gleichzeitig. Das ist ein starker Hinweis darauf, dass wir Menschen die jetzige Erderwärmung mitverursachen.

Zudem verliefen bisher die Warm- und Kaltzeiten langsam und die Natur konnte sich Stück für Stück anpassen, jedoch geht es in den letzten 150 Jahren viel zu schnell. Es ist toll, dass wir uns weiterentwickelt haben, die Industrialisierung der Menschheit viele Verbesserungen und Wohlstand gebracht hat, aber sie hat auch ihre Schattenseiten und die spüren wir zunehmend.

Durch die Industrialisierung wurden und werden große Mengen Treibhausgase in die Atmosphäre gepustet.

Die Atmosphäre besteht zu 78,1 % aus Stickstoff, 20,9 % Sauerstoff, 0,93 % Argon sowie aus Aerosolen und Spurenelementen. Allerdings sind diese sogenannten Spurengase ausschlaggebend für die Temperaturen auf der Erde; sie sind klimawirksam, obwohl sie nur einen so geringen Teil der Atmosphärengase ausmachen. Neben Wasserdampf ist Kohlendioxid (CO_2) mit 0,04 % der wichtigste Verursacher des TREIBHAUSEFFEKTS. Außerdem gibt es noch Methan (CH_4), Ozon (O_3), Fluorchlorkohlenwasserstoffe (FCKWs), Schwefeldioxid (SO_2) und Stickstoffverbindungen.

Wasserdampf ist zu zwei Drittel hauptverantwortlich für den natürlichen Treibhauseffekt, der seit Jahrmillionen die Erde bewohnbar macht. Ohne ihn wäre es auf unserem Planeten –18 Grad Celsius kalt und ein Leben wäre nicht möglich. Der Treibhauseffekt speichert die Wärme der Sonne und verhindert ein Einfrieren. So haben wir im Mittel eine Temperatur von 15 Grad Celsius auf der Erde. Dabei gelangt kurzwellige Strahlung der Sonne zu uns, die Treibhausgase in der Atmosphäre speichern einen Teil der zurückgestrahlten langwelligen Strahlung, so wie in einem Gewächshaus das Glasdach. In der Folge werden die Erdoberfläche und die sie umgebenden Luftschichten aufgeheizt. Doch durch die Industrialisierung und die Zunahme der CO_2-Emissionen verstärken wir diesen Prozess – und zwar ungewöhnlich stark und schnell. Auch wenn Kohlendioxid nur einen winzigen Teil der Atmosphäre ausmacht, bewirkt es sehr viel, denn CO_2 verweilt 120 Jahre dort. Das heißt, jetzt sehen wir erst die Auswirkungen der CO_2-Produktion von vor 120 Jahren bis heute. Unsere Kinder und Enkel werden da noch deutlich höhere Konzentrationen und Auswirkungen erleben, denn der Ausstoß von TREIBHAUSGASEN nimmt seit 150 Jahren stetig zu.

Kohlendioxid ist aber nicht nur schlecht, es ist ein wichtiger Ausgangsstoff zur Photosynthese. Vor allem, das wissen die wenigsten, werden 95 % vom CO_2 natürlich in unserer Atmosphäre durch GEOGENE VORGÄNGE (nämlich etwa 550 Gigatonnen pro Jahr) produziert. Im stabilen Kohlenstoffkreislauf, vor allem durch Photosynthese, aber auch durch Bindung in kalkbildenden Organismen wird fast genauso viel natürlich an CO_2 wieder verbraucht; dieses System ist also geschlossen und seit Jahrtausenden praktisch konstant. Aber besonders durch die Verbrennung fossiler Energieträger (Erdöl, Erdgas und Kohle) gelangen jedes Jahr mehrere Milliarden Tonnen CO_2 zusätzlich in die Atmosphäre. Es bleibt nicht nur dort: Ein Teil davon wird in der Natur durch die Pflanzen gespeichert; das ist gut, da es durch die Photosynthese das Wachstum fördert. Ein weiterer Teil von Kohlendioxid wird in unseren Ozeanen gebunden, und das ist ein gewaltiges Problem: Die Meere versauern durch CO_2 und das ist für viele Lebewesen dort schädlich, vor allem für diejenigen, die Kalkschalen bilden, wie Korallen. Das Ozeanwasser ist inzwischen so stark versauert, wie seit 800 000 Jahren nicht mehr, das beweisen Eiskernbohrungen. Somit ist Kohlendioxid für uns doppelt schlecht und die Ozeane sind nur ein riesiger Puffer, da dort etwa 30 % des CO_2 verweilen, das wir Menschen ausstoßen. Allerdings nimmt wärmeres Meereswasser längst nicht mehr so viel Kohlendioxid auf wie kälteres. Außerdem holzen wir unseren zweiten CO_2-Puffer ohne Rücksicht ab, die grüne Lunge unseres Planeten, die Wälder, vor allem die TROPISCHEN REGENWÄLDER. Sie speichern Kohlendioxid und produzieren Sauerstoff und wir Menschen vernichten pro Minute bis zu 48 FUSSBALLFELDER davon und schneiden uns damit ins eigene Fleisch.

Neben CO_2 ist Methan (CH_4) das drittstärkste Treibhausgas. Es ist zwar in deutlich geringerer Konzentration in der Atmosphäre vorhanden und verweilt dort nur acht Jahre, aber es ist 21-mal treibhauswirksamer als CO_2. Es entsteht in der Landwirtschaft und Massentierhaltung, auf Mülldeponien und in Kläranlagen. Ein Großteil des Methans kommt aus den Mägen unserer Wiederkäuer und entsteht beim Reisanbau, wobei man wissen sollte, dass sich die Hälfte der Erdbevölkerung hauptsächlich von Reis ernährt. Aber auch in PERMAFROSTBÖDEN (Dauerfrostböden) ist Methan enthalten. Wenn die globalen Temperaturen steigen, tauen die Permafrostböden auf und heizen die Atmosphäre zusätzlich auf.

Ähnlich klimawirksam wie Methan ist Lachgas, es entsteht auch in der Landwirtschaft beim Abbau von Stickstoffverbindungen in den Böden. Stickstoff ist in den meisten gängigen Düngemitteln enthalten.

Die fluorierenden Kohlenwasserstoffverbindungen sind sogar noch treibhausaktiver. Jedes Molekül davon trägt etwa 10 000-mal stärker zum

Treibhauseffekt bei als ein CO_2-Molekül. SCHWEFELHEXAFLUORID wird in Hochspannungsschaltanlagen eingesetzt; diese Nachfolger von FCKWs sind sehr treibhauswirksam, aber zum Glück recht wenig im Einsatz und fallen so im Vergleich zu anderen Treibhausmachern in Bezug auf den Klimawandel nicht so sehr ins Gewicht.

Aber die FCKWS, die Fluorchlorkohlenwasserstoffe, ihre Vorgänger, haben so einiges angerichtet: Sie sind komplett menschengemacht, treibhauswirksam und verantwortlich für das Ozonloch über dem Südpol. FCKWs zerstören das Ozon in der Stratosphäre, was uns vor der aggressiven Sonneneinstrahlung schützt. In den 1980er Jahren wurde dies erkannt und zum Glück recht schnell gehandelt. Die Politik hat es in wenigen Jahrzehnten hinbekommen, Fluorchlorkohlenwasserstoffe zu verbieten und deren Produktion fast komplett einzustellen. Da seit 2000 praktisch keine FCKWs mehr dazukommen und die alten langsam abgebaut werden, schrumpft seit etwa 2012 das Ozonloch erstmals. Wissenschaftler gehen davon aus, dass sich das Ozonloch über dem Südpol ca. 2070 wieder komplett schließt. Daran sieht man, die Weltpolitik kann etwas bewirken, wenn alle an einem Strang ziehen und den Ernst der Lage erkennen.

Aber man sieht auch, dass wir durch die Industrialisierung den Ausstoß an Treibhausgasen vervielfacht haben, dadurch die Temperaturen ungewöhnlich schnell und stetig ansteigen. Weiter hinten im Buch wird das Thema Ozonloch noch einmal angesprochen.

Was machen wir Menschen? Durch das Abholzen der Regenwälder zerstören wir einen Puffer für CO_2. Die steigenden Temperaturen sorgen dafür, dass unsere Ozeane weniger Kohlendioxid aufnehmen können und die Permafrostböden auftauen. Ein weiterer wichtiger Aspekt ist, dass in Zukunft durch die Bevölkerungsexplosion eher mehr als weniger Energie benötigt wird. Das heißt, unser Dilemma wird immer größer und die Folgen des Klimawandels immer spürbarer.

Da die Atmosphäre ein chaotisches System ist und auch wir Wissenschaftler nie genau sagen können, wie es weitergehen wird, sind viele verschiedene Szenarien möglich. Aber höhere Temperaturen bedeuten ein ABSCHMELZEN DER POLKAPPEN, ein STEIGEN DES MEERESSPIEGELS und extremeres Wetter: mehr und stärkere Hitzewellen,

Dürren und Waldbrände einerseits, extremere Niederschläge und Überschwemmungen an anderen Orten.

Damit dies nicht noch schlimmer wird, müssen wir gemeinsam zum Klimaschutz beitragen. Es geht darum, die Erderwärmung zu begrenzen, aber auch sich den neuen Bedingungen anzupassen.

WAS MACHEN WIR MENSCHEN? DURCH DAS ABHOLZEN DER REGENWÄLDER ZERSTÖREN WIR EINEN PUFFER FÜR CO_2. DIE STEIGENDEN TEMPERATUREN SORGEN DAFÜR, DASS UNSERE OZEANE WENIGER KOHLENDIOXID AUFNEHMEN KÖNNEN UND DIE PERMAFROSTBÖDEN AUFTAUEN.

>>> WAS IST DER UNTERSCHIED ZWISCHEN WETTER UND KLIMA?

Wetter und Klima sind zwei Begriffe, die gern verwechselt und durcheinander gebracht werden. Dabei sind es zwei völlig unterschiedliche Dinge.

WETTER ist definiert als ein Zustand der Atmosphäre an einem bestimmten Ort zu einer bestimmten Zeit. Das hört sich kompliziert an, ist es aber gar nicht. Es bedeutet nur, wie das Wetter jetzt in diesem Moment bei Ihnen ist. Ob es regnet oder die Sonne scheint, wie warm es ist und wie stark und aus welcher Richtung der Wind weht. Wenn Sie draußen sind, können Sie das Wetter sogar fühlen. Wir erleben das Wetter, es empfindet zwar jeder anders, aber wir fühlen es. Der eine mag den Sommer mehr, der andere ist eher der Wintertyp oder liebt es besonders windig; das ist unterschiedlich.

KLIMA dagegen ist in der Meteorologie definiert als der Mittelwert des Wetters. Das heißt: Wie war das Wetter bei Ihnen, zum Beispiel in Leipzig im Mittel in den letzten 30 Jahren? Die Antwort darauf können wir nicht so schnell geben und die fühlen wir auch nicht. Das ist komplizierter. Um diese Frage beantworten zu können, müssen sämtliche Wetterparameter wie Temperatur, Luftfeuchtigkeit, Luftdruck, Strahlung, Wind, Niederschlag und Sonnenscheindauer der letzten Jahre angeschaut und der Mittelwert gebildet werden. Dabei müssen allerdings mehrere Jahrzehnte in Betracht gezogen werden, denn innerhalb von 5 Jahren gibt es manchmal zwei bis drei »Ausreißerjahre« hintereinander, sodass solch ein kurzer Zeitraum nicht repräsentativ für einen Ort wäre. Man muss sich also einen längeren Zeitraum ansehen und da haben sich 30 Jahre bewährt. Dabei werden auch die Abweichungen miteinbezogen, der Sommer 2018 zum Beispiel war ja ein besonderer, auch der Sommer 2003 war außergewöhnlich. Aber dazwischen gab es weit über zehn Sommer, die recht normal waren, möglicherweise sogar etwas zu kalt. Wenn man das Ganze mittelt, dann fallen die beiden besonderen Sommer bei 30 Jahren gar nicht mehr so ins Gewicht. Sehr eindrucksvoll ist auch der Unterschied innerhalb eines Monats in den Übergangsjahreszeiten: da fängt der Mai zum Beispiel mit fünf sehr warmen Tagen an, dann aber kommt ein Kaltlufteinbruch mit 12 wirklich deutlich zu kalten Tagen. Dann pendeln sich die Temperaturen auf den Normalwert ein, bevor zum Ende des Monats die erste wirklich sommerliche Phase beginnt, das erste Mal 30 Grad erreicht werden. Man denkt sich: Was für ein extremer Monat – erst warm, dann kalt, dann richtig heiß. Aber wenn man dies nun mittelt, kommt ein völlig normaler Monat heraus. Außerdem sind Extreme beim Wetter normal, die gab es schon immer. Das Einzige, was uns wirklich hilft, das Thema Klima zu verstehen, ist unsere Erinnerung. Allerdings ist die Erinnerung etwas ziemlich subjektives und spielt uns manchmal einen Streich. Sie funktioniert so, dass wir uns nur besonders schöne oder besonders schlimme Ereignisse merken. In Bezug auf Wetter bedeutet das, wenn wir uns zum Beispiel an unsere Kindheit erinnern, haben wir das Gefühl, dass es viel mehr Schnee als heute gab. Oder wir denken an so einige Sommer, die nur Sonnenschein und angenehme Temperaturen brachten. Aber das hat es natürlich nicht 30 Jahre am Stück gegeben. Dazwischen gab es auch Phasen und Sommer, die sehr durchwachsen und normal waren. Und auch Winter, wo es gar nicht geschneit hat. Das haben wir uns nicht gemerkt. Und unser Gehirn ist nicht in der Lage, dieses unterschiedliche Wetter über einen so langen Zeitraum zu mitteln. Genau das ist das Problem, warum Wetter und Klima so häufig vermischt werden. Denn besonders dann, wenn wir es mit besonders extremem Wetter zu tun haben, wie Orkan »Kyrill« im Januar 2008 oder zehn Jahre später Sturm »Friederike«, dann wird sehr schnell auch durch die Medien immer vom Klima und Klimawandel geredet. Aber diese Ereignisse sind zunächst »nur« Wetterereignisse. Um die Klimafrage zu beantworten, muss man diese Ereignisse nehmen, über mehrere Jahrzehnte beobachten und bewerten und erst dann kann man etwas zum Klima beziehungsweise Klimawandel sagen. Das bedeutet, das einzelne Extremereignis des Wetters allein macht und ist noch kein Klimawandel, erst wenn es zu einer Häufung über Jahrzehnte kommt, dann hat das etwas mit dem Klimawandel zu tun. Also bitte denken Sie beim nächsten großen Sturm an den Unterschied zwischen Wetter und Klima, und lassen Sie sich auch nicht von einigen Medien beeindrucken und verwirren.

>>> WAS SIND KIPPPUNKTE BEIM KLIMAWANDEL?

Die Wissenschaftler sprechen immer wieder von KIPPPUNKTEN im Klimasystem, was ist damit gemeint? Dazu müssen Sie wissen, dass die Natur das Gleichgewicht liebt und eigentlich beinahe alles wieder einrenken kann. Auch wenn es fast aussichtslos erscheint, es zum Beispiel über Monate hinweg eine Dürre gab, irgendwann regnet es dann doch und die meisten Pflanzen erholen sich. Wir Menschen sind sensibler, auch unsere selbst gezüchteten Pflanzen auf den Feldern sind weniger flexibel.

Jedoch gibt es sogenannte Kipppunkte, ab da ändert sich dann wirklich etwas und die Natur schafft es nicht, in den Urzustand zurückzukommen.

Der Amazonas-Regenwald ist ein Kippelement. Das Abholzen dieser Wälder verursacht, dass weniger Wasser aus den Wäldern verdunstet. Dieses ist aber auch größtenteils die Grundlage für die Niederschläge in dieser Region. Das hat zur Folge, dass es mehr Dürren im Amazonasbecken geben wird, die Baumsterblichkeit und das Brandrisiko erhöhen sich. Je weiter der Prozess voranschreitet, desto stärker wird er. Für das Weltklima sind die tropischen Regenwälder aber von großer Bedeutung, denn sie nehmen einen Großteil des Kohlendioxids auf und speichern es, zudem wird Sauerstoff produziert.

Auch das Schmelzen des Grönlandeises ist ein Kipppunkt. Dort sind etwa sieben Meter Meeresspiegelpotential gespeichert. Sie können sich sicher vorstellen, was es bedeuten würde, wenn dieses Eis wirklich komplett schmelzen würde. Wenn durch die fortschreitende Erderwärmung weiter oben die Eisdecke in Grönland anfängt zu schmelzen, dann ist der Prozess, dass der gesamte Eispanzer abschmilzt, kaum noch aufzuhalten. Denn hier ist es wie normalerweise überall auf der Erde: weiter oben liegen die Temperaturen niedriger als weiter unten. Das bedeutet, wenn die kritische Temperatur erreicht ist, schmilzt das Eis zunächst oben, aber auch weiter unten wird das Eis zu Wasser und ein Halten ist nicht mehr möglich. Je wärmer es wird, desto mehr steigt das Risiko, dass der Kipppunkt überschritten wird. Klimamodelle rechnen die kritische Temperatur für das Grönlandeis bei 0,8 bis 3,2 Grad. Das ist eine breite Spanne, aber wie wir bereits gelernt haben, ist unser Klima ein komplexes System, mit vielen Koppelungen, Rückkoppelungen und Wechselwirkungen. Genauer sind die Vorhersagen heute leider noch nicht zu machen.

Physikalisch logisch ist, wenn weißes Eis schmilzt, schwarzer Ozean zum Vorschein kommt. Weiß reflektiert den Großteil des Sonnenlichts wieder ins Weltall und bringt Abkühlung. Schwarz dagegen führt zu Erwärmung, die sich weiter verstärkt.

Auch die Antarktis sehen einige Forscher als solch einen Kipppunkt. Sie sehen hier die Gefahr, dass sich durch Abschmelzprozesse der Salzgehalt des Meereswassers ändern könnte, was die globale Ozeanzirkulation durcheinander bringen würde. Andere Wissenschaftler hingegen sprechen davon, dass es hier kaum Erwärmung geben wird, da es ein abgeschlossenes System ist, was quasi fast unabhängig vom Rest der Welt existiert.

Der Golfstrom sagt Ihnen doch sicher etwas. In den Medien hört man immer wieder, dass dieser durch den Klimawandel zum Stillstand kommen könnte. Leider stimmt das. Der Antrieb des Golfstroms wird gesteuert durch unterschiedliche Temperaturen des Wassers und deren unterschiedlichen Salzgehalt im Atlantik. Durch das Abschmelzen des Grönlandeises könnten sich beide Parameter ändern und die Zirkulation schwächen. Langfristig ist ein Stillstand nicht auszuschließen, dies hätte natürlich drastische Folgen für uns Menschen und die Natur. Vor allem in Europa würde sich das Wetter extrem verändern. Allerdings wird das nicht in ein paar Jahrzehnten passieren, sondern Jahrhunderte bis Jahrtausende dauern, bis ein Gebiet wie Grönland oder die Antarktis völlig eisfrei sein würden.

Dennoch ist eine entschlossene globale Klimapolitik, die die CO_2-Emissionen deutlich reduziert, wenn möglich bald auf null senkt, sehr wichtig, damit die Kipppunkte nicht erreicht werden.

In diesem Bezug möchte ich noch ein letztes Thema ansprechen, die PERMAFROSTBÖDEN. Auch sie gehören zu den genau zu beobachtenden Kippelementen. Denn diese Dauerfrostböden, vor allem in Sibirien und Alaska, speichern Unmengen Kohlenstoff, mehr als 1000 Milliarden Tonnen KOHLENSTOFF, so schätzen Wissenschaftler. Tauen diese Permafrostböden, gelangen große Mengen METHAN in die Atmosphäre, die jetzt noch gebunden sind. Wo hier der genaue Kipppunkt liegt, können sogar Wissenschaftler schlecht abschätzen. Dies würde auf alle Fälle zu einer zusätzlichen globalen Erwärmung führen.

Wir müssen also etwas tun, damit diese Kipppunkte wenn möglich nie erreicht werden. Dazu ist jeder Einzelne von uns aufgerufen sowie die Politik. Das Ziel 2050 CO_2-neutral zu sein, ist wichtig. Durch eine Halbierung unserer Emissionen in jedem Jahrzehnt wäre es möglich, das nennt man »GLOBAL CARBON LAW«.

EIN EXTREMWETTEREREIGNIS ALLEIN IST NOCH KEIN KLIMAWANDEL, ERST EINE HÄUFUNG – ALLERDINGS GIBT ES DIE ZUNEHMEND.

WASSER SPAREN

»»»

>>> TIPPS UND TRICKS FÜR DAS BADEZIMMER

Viele wissen sicher, dass man durch Duschen, statt ein Vollbad zu nehmen, viel Wasser sparen kann. Beim Baden wird im Schnitt doppelt so viel Wasser verbraucht. In Zahlen ausgedrückt: Je nach Größe der Badewanne verbraucht man beim Baden 150 bis 180 Liter Wasser. Beim Duschen gehen im Schnitt etwa 18 Liter Wasser pro Minute durch den Abfluss. Also fünf Minuten duschen wären 90 Liter, wobei fünf Minuten wirklich lang sind und nicht jeden Tag sein müssen. Schon kleine Dinge, wie die Dusche beim Auftragen des Haarshampoos oder beim Einseifen mit dem Duschbad ausstellen, sparen viel Wasser. Dafür könnte man sich ein WASSERSTOPP-KNOPF oder ein ABSPERRVENTIL einbauen – das erleichtert das An- und Ausstellen erheblich. Es wird einfach zwischen Handbrause und Duschschlauch montiert. Wenn Sie zudem einen NIEDERDRUCKBRAUSEKOPF in Ihrer Dusche einbauen, begrenzen Sie den Warmwasserverbrauch. Ein Standard-Duschkopf verbraucht wie gesagt etwa 18 Liter, ein Regenduschen-Duschkopf 20 Liter und der Spar-Duschkopf liegt bei 7 Litern – das ist schon ein Unterschied. Das heißt aber nicht, dass man komplett auf das Vollbad verzichten sollte. Wenn es etwas Besonderes bleibt, »Luxus«, dann sollte man das auch ohne schlechtes Gewissen tun.

Auch beim WÄSCHEWASCHEN und -trocknen kann man mit recht einfachen Tipps Klimaschutz betreiben.

Wussten Sie, dass in deutschen Haushalten im Durchschnitt vier Kilogramm Wäsche die Woche gewaschen, getrocknet und teils gebügelt werden? Allein beim Wäschewaschen werden jährlich insgesamt in Deutschland 600 000 TONNEN Waschmittel, 330 MILLIONEN KUBIKMETER Wasser und etwa SECHS MILLIARDEN KUBIKMETER Strom verbraucht – das sind schon beeindruckende Zahlen.

Eine neue, klimaeffiziente Waschmaschine ist immer sinnvoll. Dabei erzielen die modernen Geräte mittlerweile bei 40 Grad genauso gute

Waschleistung wie 15 Jahre alte Waschmaschinen bei 60 Grad. Wenn man seine zehn Jahre alte Waschmaschine durch eine neue ersetzt, kann man eine Menge Wasser und Strom und somit Geld sparen und schont unsere Ressourcen.

Zudem sollten Sie über die Füllmenge der Waschmaschine und die Größe des Haushalts nachdenken: Ein Single benötigt keine sechs Kilogramm Füllgewicht. Wenn Sie einen Trockner benutzen, sollten Sie sich eine Waschmaschine mit möglichst hoher Schleuderleistung zulegen, achten Sie auf SPAR- UND ECOPROGRAMME.

Zudem ist es sinnvoll, die Waschmaschine immer voll zu beladen und dabei ausreichend, aber nicht zu viel Waschmittel zu verwenden und genau über die Temperatur nachzudenken. Kleidung heutzutage bei 60 oder 90 Grad zu waschen, ist selten nötig, meist reichen 40 Grad und das spart enorm viel Energie. Wenig verschmutzte Wäsche kann sogar bei 30 Grad gewaschen werden. Auf Kochwäsche bei 90 Grad kann man in den heutigen Zeiten ganz verzichten, denn auch schon bei 60 Grad werden Bakterien abgetötet. Benutzen Sie das Programm »Vorwäsche« nur bei stark verschmutzter Wäsche. Vermeiden Sie unnötigen STAND-BY-VERBRAUCH. Das bedeutet, wenn Sie die Waschmaschine nicht nutzen, ziehen Sie den Netzstecker und drehen Sie den Wasserzulauf zu.

Verzichten Sie wenn möglich auf einen WÄSCHETROCKNER. Das geht zwar schnell und ist praktisch, vor allem wenn man Kinder im Haus hat. Aber diesen Energieverbrauch kann man sich durch Aufhängen der Wäsche auf der Leine sparen. Und an der frischen Luft riecht die Wäsche manchmal sogar noch ein bisschen frischer, zum Teil spart man sich durch den Wind das Bügeln. Und auch an den meisten Wintertagen ist die Leine bei trockener Kälte eine Alternative, oder ein Trockenraum. Pro Waschgang sparen Sie etwa 60 Cent, wenn Sie auf einen Trockner verzichten. Bei einem durchschnittlichen Trockner wird pro Trockengang etwa das Vierfache an Strom verbraucht, wie für eine 60 Grad-Buntwäsche.

Wer dennoch nicht auf einen Trockner verzichten kann, sollte beim Waschen auf eine möglichst hohe Schleuderzahl achten: Eine Schleuderzahl von 1400 Umdrehungen pro Minute spart im Gegensatz zu 1000 U/min pro Trockenvorgang bis zu 25 % Strom. Das Flusensieb sollte regelmäßig gereinigt werden, eigentlich nach jedem Trockenvorgang. Ein verschmutztes Sieb verlängert nämlich die Trockenzeit. Bügelwäsche kann Restfeuchte haben und muss nicht schranktrocken sein. Natürlich gilt auch für die Wäschetrockner, dass ein möglichst neues Gerät effizienter ist, als ein alter Trockner.

Allgemein eignet sich ein KONDENSATIONSTROCKNER in Wohnungen besser als ein Abluftgerät. Bei Kondensationstrocknern empfiehlt sich ein Gerät mit energiesparender Wärmepumptechnik. Sie senkt den Stromverbrauch um 40 bis 50 %. ABLUFTTROCKNER gibt es auch gasbetrieben. Bei vorhandenem Gasanschluss sind sie die sparsamste Trockenmethode.

Weitere Tipps für das Badezimmer sind:

Drehen Sie den Wasserhahn zu, beispielsweise wenn Sie Zähneputzen. Das ist immerhin zweimal am Tag, 365 Tage im Jahr, das spart so einige Liter Wasser.

Kontrollieren Sie regelmäßig die Dichtungen von Armaturen und die Porösität des Duschschlauchs. Poröse Dichtungen führen dazu, dass der Wasserhahn tropft oder der Duschschlauch zu lecken beginnt. Ist das der Fall, kommt weniger Wasser im Brausekopf an, weil sich der Wasserdruck verringert. Das verschwendet viel Wasser, genauso wie tropfende Hähne – sie sollten schleunigst repariert werden.

Zudem sollten Sie EINHANDHEBELMISCHER in Bad und Küche nutzen. Damit können Sie schneller die gewünschte Temperatur einstellen und somit Wasser sparen.

››› SOLARDUSCHE

Wer es ein bisschen rustikaler mag, für den wäre möglicherweise eine SOLARDUSCHE auf dem Balkon, der Terrasse oder im Garten etwas. Sie sind modern, innovativ und energieeffizient, denn hier wird warmes Wasser ohne den Einsatz von elektrischer Energie erzeugt. So können Sie auch bei nicht ganz so sommerlichen Temperaturen in der warmen Jahreszeit oder wenn Sie gut abgehärtet sind auch im Frühling und Herbst im Freien warm duschen. Dabei ist das Angebot an Außen-Solarduschen breit gefächert: Für jeden Geldbeutel und jeden Geschmack ist etwas dabei. Wer es einfach und kostengünstig mag, der kann sich einen schwarzen Sack schon mit Schlauch kaufen (CAMPINGDUSCHE) oder seinen Gartenschlauch anschließen. Das funktioniert gut, man muss nicht viel Geld in die Hand nehmen und ist mobil.

Außerdem gibt es Solarduschen aus dem Baumarkt, aber auch luxuriöse Modelle aus Edelstahl und Holz. Verschiedenste Hersteller bieten etwas an, für den mittleren Standard sollte man 100 bis 150 Euro einplanen, die meisten sind fest installiert. Solarduschen bestehen aus einem Behälter mit 20 bis 50 Liter Volumen, der schwarz sein sollte. Schwarz absorbiert das Sonnenlicht am besten, zieht damit die Wärme an und ist somit die perfekte Farbe für den Behälter, in dem sich das Wasser durch die Kraft der Sonne erwärmen soll. Dabei können Temperaturen bis 50 Grad erreicht werden. Diesen Effekt spüren Sie auch, wenn Sie im Sommer in der prallen Sonne schwarze Kleidung tragen. Der Behälter kann an eine Wasserleitung angeschlossen sein, oder muss händisch gefüllt werden, die erste Variante ist komfortabler. Von diesem Behälter geht ein Duschschlauch oder eine moderne Duschbrause ab, die sogar mit einem Einhebelmischer bestückt werden kann, sodass man die Temperatur durch Zumischen von kaltem Wasser regeln kann. Hochwertige Solarduschen verfügen über integrierte Solarmodule, die die Funktion des Aufwärmens übernehmen. Wenn Sie das Wasser aus einer Zisterne beziehen, müssen Sie sich keine Gedanken über Ihre nächste Stromrechnung machen (natürlich unter der Voraussetzung, dass es in Deutschland regelmäßig regnet). Sie sollten einen geeigneten Standort für Ihre Solardusche wählen, der viel von der Sonne verwöhnt wird, und zudem, wenn möglich, windgeschützt liegt. Der schwarze Behälter dient außerdem als Wärmespeicher, das bedeutet auch an nicht sonnigen Tagen kommt meist gut temperiert-warmes Wasser aus der Solardusche. Auch können Sie überlegen, ob Sie einen Wasserhahn dazu kaufen, so wird auch das Händewaschen im Garten angenehm – ohne eiskaltes Wasser. Eine weitere Überlegung ist die Kombination aus Einsatz von REGENWASSER und SOLARER WASSERERWÄRMUNG, das ist dann noch umweltschonender. Solarduschen sind mittlerweile sehr komfortabel und eine gute Alternative zur »normalen« Dusche im Badezimmer. Allerdings sollten Sie darauf achten, kein Shampoo oder Duschgel zu verwenden, um die Umwelt zu schonen und nicht das Grundwasser zu belasten.

>>> SOLARENERGIE: WARMWASSER VOM DACH

Viele Menschen denken jetzt sicher: Ja, gute Idee, aber erstens ist es teuer und zweitens geht das ja nur im Sommer. Was mache ich dann im Winter?! Kalt duschen ist sicher eine eher schwer vorstellbare und für nur wenige umsetzbare Alternative. Ja, das stimmt, aber die Technik wird immer besser und auch wenn es zunächst nur zusätzlich zur bisherigen Warmwasserbereitung benutzt wird, spart es Geld und ist zweifellos gut und nachhaltig für das Klima.

Aber mal von Anfang an: Normalerweise kommt das Warmwasser einfach aus der Leitung, wenn man den Wasserhahn aufdreht und auf warm stellt. Aber wie und woher kommt dieses warme Wasser eigentlich? Meistens entsteht es durch STROM- ODER GAS-DURCHLAUFERHITZER. Sie erhitzen das Wasser gleichbleibend und man kann so viel davon haben wie man will. Die Strom- bzw. Gasrechnung ist dementsprechend. Dann gibt es noch die guten alten WASSERBOILER. Sie erhitzen allerdings immer nur so viel Wasser, wie gerade im Boilertank ist und ein ausführliches Vollbad für die ganze Familie ist da selten möglich. Allerdings muss das sein – eine Überlegung –, die ich in diesem Buch immer wieder anregen möchte. Energiewende bedeutet nicht nur unsere Energiequellen auf erneuerbare Quellen umzustellen, sondern vor allem auch Energie zu sparen und effizienter zu nutzen. Und da kann man bei der Überlegung, ob man duscht oder ein Vollbad nimmt, jeden Tag schon etwas für den Klimaschutz tun.

Kommen wir wieder zum selbsterwärmten Wasser vom Dach zurück. Das geht mit SONNENKOLLEKTOREN, auch SOLARKOLLEKTOREN genannt. Sie wandeln Sonnenstrahlung in Wärmeenergie um. Sie können zur Warmwasserbereitung und zur Unterstützung der Heizungsanlage genutzt werden. In Deutschland sind bei den Solarthermie-Anlagen FLACHKOLLEKTOREN oder RÖHRENKOLLEKTOREN am meisten verbreitet.

Flachkollektoren funktionieren wie ein Treibhaus. Sie sind rechteckig, der Rahmen besteht meist aus Aluminium und Edelstahl. Die zur Sonne zugewandte Seite ist mit robustem Glas versehen. Die Sonne scheint auf das Glas, was möglichst viel Sonnenstrahlung in das Innere des Sonnenkollektors leiten soll, zudem gleichzeitig vor Regen, Hagel und herabfallenden Ästen schützt. Der Absorber, ein dunkel beschichtetes wärmeleitendes Metallblech im Inneren des Sonnenkollektors, sorgt dafür, dass möglichst viel Sonnenenergie in Wärme umgewandelt und in den Solarspeicher geleitet wird. Je nach Kollektortyp ist im Absorber Wasser, Luft oder ein Wassergemisch, welches aus Wasser und einem Frostschutzmittel besteht. Dieses Wärmeübertragungsmittel kreist stetig im Solarkreislauf und gibt die Wärme dann an den Speicher ab, aus dem jederzeit Wärmeenergie entnommen werden kann. Der Wirkungsgrad dieser Anlagen ist mit 60 bis 85 % recht hoch, aber bei Flachkollektoren gibt es einen recht großen Wärmeverlust. Vorteil ist, man kann sie direkt ins Dach einbauen.

Außerdem gibt es noch RÖHRENKOLLEKTOREN. Dort sind zwar die Kosten pro Kollektorfläche höher, aber man braucht weniger Fläche, denn sie sind effektiver als Flachkollektoren. Für die Indach-Montage eignen sie sich jedoch nicht. Röhrenkollektoren bestehen, wie schon der Name sagt, aus Glasröhren. In ihnen befindet sich ein Kupferrohr, durch das Wasser fließt. Diese Wasserleitung beginnt und endet in einem sogenannten Pufferspeicher. Dort wird dann auch die Wärme für die Wasser- und/oder Heizungsanlage gespeichert.

Allgemein gilt für Solarthermie-Anlagen für Warmwasser als Faustregel: Man braucht etwa 1,5 m^2 Kollektorfläche pro Person. Soll zusätzlich die Heizung unterstützt werden, benötigt man etwa das Doppelte. Die Kosten belaufen sich bei einem Einfamilienhaus, wenn nur für Warmwasser gesorgt wird, auf etwa 5000 €, bei Unterstützung der Heizanlage etwa 8000 bis 10 000 €. Die Amortisation liegt allgemein bei SOLARTHERMIE-ANLAGEN bei etwa 15 bis 20 Jahren. Jetzt denken Sie sicher, das ist viel: Ja, aber in den Folgejahren sind die Kosten minimal, denn die laufenden Kosten begrenzen sich auf Wartung und Versicherungskosten und das sind dann gerade mal 100 bis 200 € pro Jahr. Das Risiko für zusätzliche Kosten wie Reparaturen bleibt meist gering. Zudem gibt es eine 20-jährige Garantie von fast allen Herstellern.

Also ganz ohne Investition geht es nicht, aber auch Gas und Öl kosten Geld. Zudem sind es keine natürlichen Ressourcen, sie sind endlich und irgendwann erschöpft. Dadurch wird Energie immer teurer. Es ist nur klug, die reichhaltigste und billigste Energiequelle, DIE SONNE, anzuzapfen, die uns zur Verfügung steht. Von Mai bis September kann eine durchschnittliche Solaranlage den Wärmebedarf eines Einfamilienhauses decken. Es ist sogar möglich, die Sonnenwärme auch mit Hilfe einer ABSORPTIONSWÄRMEANLAGE zur Kühlung zu verwenden, was bei der Zunahme der Hitzeperioden ebenso populär wird. Außerdem kann beispielsweise auch der Pool im Garten mithilfe der selbsterzeugten Wärme temperiert werden.

Im Winter reicht die Leistung der Solarheizung bei den meisten jedoch nicht, etwa 20 % sagt man können da in etwa abgedeckt werden. Die Langzeitspeicherung der Wärmeenergie ist noch nicht (normal bezahlbar) möglich, aber dennoch spart man übers Jahr jede Menge Fernwärme und damit Geld. Wenn man zudem zusätzlich zu den Solarkollektoren auf dem Dach noch einige möglichst senkrecht an einer Wand montiert, kann man auch im Winter, wenn die Sonne auf der Nordhalbkugel deutlich tiefer steht, bestmögliche Erträge an Sonnenwärme einfahren. Der Winkel zur Sonne ist dann besser und man staunt, wie viel Wärme dennoch in der kalten Jahreszeit erzeugt werden kann.

Es gibt sogar mittlerweile schon einige 100 %-SOLARHÄUSER, die ganzjährig ohne zusätzliche Heizmöglichkeiten über den Winter kommen. Sie besitzen deutlich mehr Sonnenkollektoren auf dem Nord- und Süddach sowie an den Hauswänden. Zudem gibt es einen mehrere Zehntausend Liter umfassenden, gut isolierten Wärmespeichertank, der Wärme für den Winter bereitstellt. Außerdem muss das Haus außergewöhnlich stark gedämmt sein, mit Dreifachverglasung bei den Fenstern und bis zu 30 Zentimeter starken Dämmelementen bei den Hauswänden, sodass im Winter möglichst wenig Wärme verloren geht. Die Bauweise und das Integrieren des riesigen Tanks sind allerdings sehr aufwendig und kostenintensiv – es zeigt aber, die Versorgung allein durch Solarenergie funktioniert.

Der Unterschied zwischen einem Sonnenkollektor und einer Solarzelle ist übrigens, dass bei Sonnenkollektoren die eingegangene Sonnenstrahlung in thermischen Energie (Wärme) umgewandelt wird. Bei einer Solarzelle findet auf direktem Weg eine Umwandlung von Sonnenstrahlung in elektrische Energie statt.

Neben dem alleinigen Produzieren von Warmwasser durch die Sonne gibt es auf der Welt zunehmend sogenannte SOLARPARKS oder SOLARFARMEN. Sie sehen aus wie mit Solarzellen zugekleisterte Felder. Photovoltaik-Großanlagen erzeugen hier mit Tausenden, manchmal sogar Millionen Solarmodulen mehrere zehn, vereinzelt mehrere hundert Megawatt elektrischen Strom. Sie erreichen zum Teil die Leistungsfähigkeit von Kohlekraftwerken, sie setzen jedoch deutlich weniger Emissionen frei. Zudem werden sie durch die Massenherstellung zunehmend günstiger im Bau, außerdem geht es wesentlich schneller als der Bau von Kohle-, Gas- oder Atomkraftwerken. Neue Anlagen haben schon bewegliche Solarmodule, so kann die Sonnenstrahlung noch optimaler eingefangen werden, das kann die Stromerzeugung um bis zu 40 % verbessern. Als Nachteil bleibt natürlich, dass mit Solar nachts kein Strom erzeugt werden kann und auch an bewölkten Tagen die Stromausbeute deutlich geringer ist. In Tschernobyl, wo 1986 die Reaktorkatastrophe passierte, plant die ukrainische Regierung eines der größten Solarkraftwerke der Welt, Gigawatt-Leistung soll hier entstehen.

Solarkollektoren auf dem Dach machen also Sinn, sind mittlerweile auch nicht mehr so teuer. Durch die Massenherstellung und Forschung konnte man durch günstigere Materialien die Produktionskosten deutlich senken. Allerdings sind die Investitions- und Betriebskosten nicht ganz ohne. Vom Staat gibt es eine ordentliche Unterstützung, wenn die Solarthermie-Anlage Warmwasser bereitstellt und die Heizung unterstützt. Eine gute, auf die Zeit gesehen geldsparende und vor allem ökologische Investition.

BIS ZU NEUN MONATE LANG KÖNNEN SIE MITHILFE DER SONNE WARM DUSCHEN.

>>> KOSTENLOS WASSER ZUM GIESSEN

Jeder, der einen Garten hat, kennt sie, die ZISTERNE. Und jeder, der seinen Garten schön haben will und vielleicht sogar Obst und Gemüse für den Eigenbedarf anbaut, hat sie vor allem in den trockenen Sommern lieben gelernt. ZISTERNA kommt aus dem Lateinischen und bedeutet »unterirdischer Wasserbehälter«. Schon in der Stein- und Bronzezeit wurden Zisternen verwendet, denn auch schon dort gab es Dürreperioden und die Menschen damals waren noch viel mehr auf das Wetter angewiesen als wir heutzutage in den Industrieländern. Bewässerungsanlagen wie wir sie aus der Landwirtschaft kennen, gab es damals noch nicht. Nahrung brauchten die Menschen dennoch, sonst verursachten Dürrezeiten schlimme Hungersnöte. Die Erfindung der Zisterne war also schon damals eine gute Sache.

Vor allem im Mittelmeerraum, wo es häufig zu unregelmäßigen Niederschlägen kommt, sind Zisternen bis heute als Wasserspeicher üblich. Auch bei uns haben sie sich vor allem bei Kleingärtnern und Gartenbesitzern durchgesetzt. Die Kosten für Wasser steigen und machen das Hobby »Gärtnern« zu einer teuren Angelegenheit. Jeder Tropfen Trinkwasser wird doppelt bezahlt: wenn er aus dem Hahn kommt und wenn er in den Abwasserkanal läuft. Warum nicht einfach – quasi kostenlos – das Wasser nutzen, was vom Himmel fällt? Außerdem kann man mit gutem Gewissen sagen, dass man etwas für die Umwelt tut, nämlich die Trinkwasservorräte schont.

Welche Zisterne passt zu mir, wie groß soll sie sein, wo platziere ich sie?! Darüber sollten Sie gut nachdenken, damit sich die Investition »Zisterne« wirklich lohnt.

Wenn man nicht viel Geld in die Hand nehmen will, funktioniert auch ein einfaches FALLROHR, was man an der Regenrinne befestigt. Dieses Rohr wird dann in ein altes Blechfass geleitet und ist so ein REGENWASSERAUFFANGBECKEN ohne große Kosten.

Wer allerdings eine größere Gartenfläche zu versorgen hat, braucht einen Behälter mit einer größeren Aufnahmekapazität und wenn möglich mit einer bequemen Entnahme.

Wer es richtig professionell machen möchte, der kauft sich eine BETONZISTERNE oder eine KUNSTSTOFFZISTERNE und versenkt sie im Erdreich. Dabei ist die Betonzisterne stabiler und länger haltbar, die Montage ist allerdings deutlich aufwendiger. Kunststoffzisternen lassen sich leichter ins Erdreich bringen, allerdings besteht die Gefahr, dass der Tankboden durch den Grundwasserspiegel angehoben wird.

Eine kostengünstigere Regenwassernutzung ist die OBERIRDISCHE ZISTERNE. Man spart sich den Erdaushub, zudem ist der Tank leichter erreichbar, falls Probleme auftreten. Allerdings sehen die Monster nicht besonders schön aus, es kann im Sommer bei länger anhaltender Hitze zu Geruchsbelästigung kommen und man muss im Winter daran denken, sie komplett zu entleeren – sonst gibt es Frostschäden. Wenn man etwas mehr Geld investiert, sind allerdings auch schon »winterfeste« Modelle im Handel erhältlich. Wer sich für einen oberirdischen Regenwassertank entscheidet, sollte darauf achten, dass er lichtundurchlässig eingefärbt ist (UV-stabil). Damit wird im Behälter das Wachstum von Algen verhindert. Um die passende Größe für seine Zisterne zu ermitteln, muss man sich zunächst überlegen, ob man sie nur für die Gartenbewässerung nutzen will oder auch für den Hausgebrauch. Wenn man möchte und vor allem in einer Gegend wohnt, wo es häufiger regnet, kann man eine Zisterne auch für die TOILETTENSPÜLUNG, die WASCHMASCHINE und die RAUMPFLEGE nutzen.

Es muss der örtliche Niederschlag, der Bedarf an Regenwasser und die angeschlossenen Dachflächen für die Planung der Größe berücksichtigt werden. Grundsätzlich gilt, dass Rundtanks, also Regentonnen mit einer zylindrischen Bauweise, ein höheres Fassungsvermögen haben, als Flachtanks. Zwischen 400 Liter und mehreren Zehntausend Litern Fassungsvermögen gibt es alles. Im Internet finden Sie verschiedenste Konfiguratoren dazu, um genau das Passende zu erhalten.

Neben der Zisterne kann sich jeder glücklich schätzen, der einen BRUNNEN im Garten hat. Ganz anders als in den meisten Entwicklungsländern, wo das Überleben von Brunnen mit sauberen Trinkwasser abhängt, spart es für uns zwar Kosten, aber ist längst nicht lebensnotwendig. Dennoch können Hobbygärtner mithilfe eines eigenen Brunnens vor allem in sehr trockenen Sommermonaten viel Geld sparen.

Insgesamt müssen vor dem Brunnenbau zwei Fragen geklärt werden: Gibt es auf dem Grundstück Wasservorkommen in erreichbaren Tiefen? Und ist das Bohren eines Brunnens zum Fördern von Grundwasser anmelde- und genehmigungspflichtig?

Wenn man beide Fragen geklärt hat, eignen sich in Deutschland am besten RAMM- oder BOHRBRUNNEN.

Beginnen wir mit dem Rammbrunnen, der auch Schlagbrunnen genannt wird. Mit ein wenig Geschick kann man ihn sogar selbst bohren. Allerdings mit der Voraussetzung, dass der Grundwasserspiegel nicht tiefer als sieben Meter liegt und die wasserführende Schicht ergiebig ist. In diese sollte der untere Teil des Rohrs, das Filterrohr, zwei bis drei Meter eindringen. Unter günstigen Bedingungen kostet die Anlage solch eines Rammbrunnens nur einige hundert Euro. Allerdings versiegen diese Brunnen manchmal nach einiger Zeit, wenn die Öffnungen im Filterrohr sich nach einigen Jahren zusetzen.

Üblicher sind Bohrbrunnen. Sie können nahezu überall bis zum Grundwasser vorstoßen. Sie sind etwas teurer im Bau, halten aber meist länger. So hat man quasi Wasser aus eigener Quelle, das sehr kostengünstig und meist unerschöpfbar ist.

Wer sich keine Zisterne oder keinen Brunnen leisten will oder kann, sollte sich auf jeden Fall neben seinem Hauptwasserzähler eine GARTENWASSERUHR einbauen lassen. Der örtliche Versorger kürzt dann auf der Jahresabrechnung die Menge des anfallenden Schmutzwassers um die vom Gartenzähler gemessene Menge an Trinkwasser.

DIE KOSTEN FÜR WASSER STEIGEN UND MACHEN DAS HOBBY »GÄRTNERN« ZU EINER TEUREN ANGELEGENHEIT. JEDER TROPFEN TRINKWASSER WIRD DOPPELT BEZAHLT: WENN ER AUS DEM HAHN KOMMT UND WENN ER IN DEN ABWASSERKANAL LÄUFT. WARUM NICHT EINFACH – QUASI KOSTENLOS – DAS WASSER NUTZEN, WAS VOM HIMMEL FÄLLT? AUSSERDEM KANN MAN MIT GUTEM GEWISSEN SAGEN, DASS MAN ETWAS FÜR DIE UMWELT TUT, NÄMLICH DIE TRINKWASSERVORRÄTE SCHONT.

ERNÄHRUNG, EINKAUFS-, KOCH- UND KÜCHENTIPPS

›››

>>> ALLES RUND UM DEN EINKAUF

Eine klimafreundliche und bewusste Ernährung fängt schon beim Einkauf an. Überlegen Sie mal, wie oft Sie Früchte nicht in der Saison gekauft und gegessen haben. Müssen es wirklich Erdbeeren aus Südspanien schon im April sein oder in der Weihnachtszeit Blaubeeren aus Neuseeland?

Heutzutage bekommt man zu jeder Jahreszeit alles in unseren Supermärkten und das nicht nur in einer Sorte, sondern in verschiedensten Varianten. Aber Vorfreude ist doch eigentlich etwas Wunderschönes. Zudem werden teure und klimaunfreundliche Transportwege gespart, wenn man sich an die Jahreszeiten und die hiesige Gegend hält – also sich SAISONAL und REGIONAL ernährt. Kurze Transportwege bedeuten weniger Treibhausgase und mal ehrlich: die Erdbeeren aus dem eigenen Garten schmecken auch besser, als die herangeschifften aus Südspanien.

Wenn Sie keinen eigenen Garten haben oder einen Eigenanbau nicht schaffen, dann lohnt sich der Einkauf auf dem Wochenmarkt. Dort gibt es immer frische, saisonale Ware, meist aus biologischem Anbau. Geld sparen Sie noch obendrein. Vor allem, wenn Sie Ihren Einkauf am Ende der Marktzeit planen. Oder Sie gehen beispielsweise im Mai/Juni auf ein Erdbeerfeld und pflücken Ihr Obst selbst.

Ja, der biologische Anbau hat viel mit dem Klimaschutz zu tun. REGIONALER ÖKOANBAU vermeidet nicht nur weite Transportwege, sondern verzichtet unter anderem auch auf energieintensive Stickstoffdünger. Durch die veränderte Bewirtschaftung wird CO_2 stärker im humusreichen Boden gebunden. Frische, saisonale Produkte benötigen keine aufwendigen Treibhäuser und auch bei der Verarbeitung, Kühlung und Verpackung wird hier ökologisch gedacht und viel Energie gespart.

Auch dem eigenen Naschverhalten kann man klimafreundlicher frönen. Denn, wer isst nicht gern Schokolade, es beruhigt die Nerven, setzt Glückshormone frei und schmeckt einfach. Etwa zehn Kilogramm Schokolade isst jeder Deutsche im Schnitt pro Jahr. Greifen Sie beim Einkaufen am besten nach Tafeln mit einem FAIRTRADE- oder BIO-SIEGEL. Dies garantiert, dass die Bauern fair entlohnt werden, der Kakao in Misch- statt in Monokulturen angebaut wird und keine Pestizide und Chemikalien verwendet werden. Das erhält die biologische Vielfalt vor Ort und bekommt dem Boden besser, damit ist ein langjähriger, nachhaltiger Anbau möglich. Mindestens genauso wichtig ist bei bio-fair-Schokoladen der Aspekt der Müllvermeidung, denn es gibt keine extrem energieaufwendige Aluminiumverpackung.

Zudem sollten Sie überlegen, wie wichtig Ihnen Fleisch ist? Ich möchte Sie jetzt nicht zum Vegetarier bekehren, aber wie oft müssen Wurst- und Fleischwaren auf den Tisch kommen? Für tierische Lebensmittel wird im Gegensatz zu Freilandgemüse ein Vielfaches an Energie, Ackerland und Dünger benötigt. Besonders energieaufwendig in der Herstellung ist dabei Rindfleisch. Das Futter stammt meist aus Sojabohnen, das sind Monokulturen aus Übersee. Rinder produzieren bei der Verdauung zudem zusätzlich klimabelastendes Methan und Ammoniak.

Der Pro-Kopf-Verbrauch von Fleisch pro Jahr liegt in Deutschland bei etwa 61 Kilogramm, das sind etwa 67 ganze Hähnchen. Mit weniger Fleisch lebt es sich gesünder und klimafreundlicher. Die deutsche Gesellschaft für Ernährung empfiehlt, dass 75 % der täglichen Nahrung aus Obst, Gemüse und Getreide bestehen sollte und nur 25 % aus tierischen Lebensmitteln. Also genießen Sie ab und zu ein Steak, aber kaufen und essen Sie es bewusst und lassen Sie es etwas Besonderes sein.

Leider sieht es auch beim Fisch nicht besser aus. Die jahrelange Übernutzung unserer einst so fischreichen Meere hat dazu geführt, dass laut Vereinten Nationen 30 % der weltweiten Fischbestände als überfischt gelten. Fisch sollte etwa ein- bis zweimal die Woche gegessen werden, genauso wie ein gutes Stück Fleisch. Achten Sie beim Einkauf auf ZERTIFIZIERUNGSSIEGEL und meiden Sie vom Aussterben gefährdete Fischarten.

Mittlerweile gibt es in der Forschung tolle neue Fortschritte, man versucht Insekten als landwirtschaftliche Nutztiere zu sehen: Bisher wurde jede Menge Fischmehl produziert, um damit unsere Schweine zu füttern.

Es wird zunehmend auf Insekten wie Stubenfliegen oder die Schwarze Soldatenfliege umgestellt, diese sind einfach zu züchten und verspeisen sogar noch Biomüll. Das entstandene Fliegenlarvenmehl schmeckt unseren Schweinen genauso gut wie Fischmehl, ist ähnlich eiweißreich und es könnte damit der industrielle Fischfang in unseren Meeren entlastet werden.

Kommen wir zum Essen zurück, da mache ich Ihnen jetzt nur einige Vorschläge. Was davon umgesetzt wird, muss jeder für sich entscheiden. Aber wussten Sie, dass Margarine aus heimischen Ölsaaten wie Raps oder Sonnenblumen weniger TREIBHAUSEMISSIONEN verursacht, als normale Butter?

Tierische Produkte, das heißt auch Milchprodukte, haben eine schlechte Klimabilanz, wie bereits erwähnt.

Zudem sollte man beim Einkauf auf die Menge achten: In Deutschland landen im Schnitt etwa 80 KILOGRAMM der Lebensmittel pro Person im Jahr im Müll. Eine sehr traurige Bilanz, wenn man sich vor Augen führt wie viele Menschen, vor allem Kinder, auf der Welt hungern müssen. Alle zehn Sekunden stirbt ein Kind auf unserer Erde!

Um klimabewusst zu essen, sollte man planen und VORAUSSCHAUEND EINKAUFEN. Und natürlich bleibt immer mal etwas übrig, aber ehrlich gesagt: Meine Kinder lieben am meisten die Abendessen, wo es »Resteessen« gibt. Man kann sehr kreativ werden, wenn man aus den übrig gebliebenen Zutaten etwas zaubern muss.

In diesem Zusammenhang muss hinzugefügt werden, dass Lebensmittel aus dem Tiefkühler eine schlechte Energiebilanz haben: Für die Frostung, die anschließende Kühlung und das Auftauen wird Energie benötigt, die bei frischen Lebensmitteln entfällt. Bei frischem Fisch gibt es leider kaum Alternativen, es sei denn man lebt an der See. In vielen Fällen kann man allerdings überlegen, ob es wirklich Tiefkühlkost sein muss.

Die Getränkewahl kann man ebenfalls überdenken und dabei sogar noch Geld sparen. Sind Sie nicht auch manchmal genervt, die schweren Wasserflaschenkisten aus dem Auto ins Haus oder die Wohnung zu tragen? Das können Sie sich hier in Deutschland eigentlich sparen, denn das Wasser aus der Leitung ist sauber und gesund. In einigen Regionen sollte man über einen Kalkfilter nachdenken und ihn einbauen, aber das haben Sie, wenn Sie in solch einer Gegend wohnen vermutlich schon für Ihre Kaffeemaschine. Wussten Sie, dass die Trinkwasserverordnung in Deutschland strenger ist, als die für Mineralwasser? Somit ist das Wasser aus dem Wasserhahn unter Umständen sogar gesünder und günstiger. Mineralwasser aus Flaschen ist 300- bis 1000-mal teurer als Leitungswasser. Wenn Sie Sprudelwasser bevorzugen, kaufen Sie sich einfach einen SODASTREAMER oder WASSERSPRUDLER, wo Sie immer nur die Patronen nachkaufen müssen, er kostet zwischen 60 und 120 €.

Getränke in MEHRWEGFLASCHEN verursachen deutlicher weniger CO_2-EMISSIONEN als Einwegflaschen. Beim Spülen von Mehrwegflaschen wird deutlich weniger Energie verbraucht, als bei der Produktion der Einwegflasche, wenn man Rohstoffgewinnung, Produktion der Flasche und den Transportweg miteinberechnet. Mehrwegflaschen aus Glas werden etwa 50-mal wieder befüllt, Flaschen aus PET etwa 25-mal. Dennoch ist die Ökobilanz bei PET- und Glasflaschen in etwa gleich, da PET leichter ist und dadurch beim Transport weniger CO_2 verursacht.

Zudem sollten Sie überlegen, ob es immer von Nöten ist, Obst und Gemüse in Plastikbeutel zu packen. Wenn Sie sich einen schönen Einkaufskorb gönnen, können Sie Ihre Äpfel, Bananen, Gurken und Tomaten dort auch lose reinlegen und sparen bei jedem Einkauf eine Menge Plastik, welche natürlich auch erst produziert werden muss und somit Energie kostet. Es kann zwar sein, dass der Pfirsich zu Hause angekommen nicht mehr perfekt aussieht, aber daran ändert auch die Plastiktüte nichts.

In vielen anderen Ländern wurden diese Tüten schon längst abgeschafft. Die Umweltministerin möchte dazu nun ein Gesetz verabschieden und Plastiktüten in Deutschland verbieten. Das wird etwas bringen, denn, wenn es die Tüten nicht mehr gibt, kommt man gar nicht erst auf die Idee, sie vielleicht doch zu nehmen. Das Problem ist, dass es ja auch schon fertig eingeschweißte Äpfel und Birnen gibt.

Zudem bestellen wir Dinge bei Amazon und Co., die teils dreifach eingepackt sind, kaufen Obstsaft in Plastikflaschen, Shampoo, Zahnpasta in Plastiktuben und -flaschen. Ich bekomme immer einen Schreck, wenn die gelbe Tonne aller 14 Tage abgeholt wird und man die Massen an Müll darin sieht. Wir verwenden in Deutschland viel zu viel Verpackung, produzieren zu viel Müll. Wir sollten uns an RUANDA, man mag es kaum glauben, ein Beispiel nehmen, dort sind Plastiktüten seit elf Jahren verboten. KENIA hat vor zwei Jahren das strengste ANTI-PLASTIKTÜTENGESETZ der Welt verabschiedet. Wer dort die Tüten in größerem Umgang weiterhin vertreibt, muss mit hohen Geld- oder Gefängnisstrafen von bis zu vier Jahren rechnen. Insgesamt muss es in Bezug auf Verpackungen ein Umdenken geben, jeder für sich und im Handel. Ein erster Schritt wurde 2016 getan, als eingeführt wurde, dass man für seine Einkaufstüte bezahlen muss – seitdem ist die Zahl der Plastiktüten schon spürbar zurückgegangen, aber es muss noch viel mehr passieren. Die kleinen Plastikbeutel an der Obst- und Gemüsetheke gibt es immer noch umsonst und eigentlich sind sie in den meisten Fällen, außer vielleicht bei Kirschen und Stachelbeeren, unnötig und könnten durch Papiertüten ersetzt werden. Diese kleinen Plastikbeutel sind allerdings nur ein kleiner Schritt, genauso wie die von der EU verbotenen Plastikstrohhälme.

Auch der Einkaufsweg ist für das Klima entscheidend. Es ist schön, wenn Sie immer in den Nachbarort fahren, weil dort der Wochenmarkt besonders aufgeräumt ist, aber da Sie sicher das Auto nehmen, ist dies schlecht für die Ökobilanz. Natürlich ist für den wöchentlichen Großeinkauf für die gesamte Familie das Auto kaum wegzudenken. Aber, um ein paar Eier zu kaufen, kann man auch zu Fuß gehen, das Fahrrad nehmen oder den öffentlichen Nahverkehr nutzen. Eine Überlegung wäre, für Großeinkäufe und Getränke mit den Nachbarn eine zu festen Zeiten vereinbarte FAHRGEMEINSCHAFT zu bilden.

WIR SOLLTEN UNS AN RUANDA, MAN MAG ES KAUM GLAUBEN, EIN BEISPIEL NEHMEN, DORT SIND PLASTIKTÜTEN SEIT ELF JAHREN VERBOTEN.

>>> DER MODERNE KÜHLSCHRANK, DIE SPÜLMASCHINE UND CO.

Wissen Sie, was den größten Stromverbrauch in den meisten deutschen Haushalten verursacht? Es sind das Kochen und Kühlen. Sie übernehmen mehr als 50 % des jährlichen Stromverbrauchs. Dann folgt mit etwa 20 % die Informations- und Kommunikationstechnik, 12 % Warmwasser, je 8 % Beleuchtung und Raumwärme.

Allgemein gilt, wenn Sie einen KÜHLSCHRANK oder eine SPÜLMASCHINE haben, die Sie vor dem Jahre 2000 gekauft haben oder sie der Energieklasse B oder schlechter angehört, dann lohnt sich ein Neukauf eines Geräts der Klasse A++ oder besser, obwohl das alte Gerät noch funktioniert. So verbraucht ein etwa 12 Jahre altes Gerät nach Angaben der Verbraucherzentrale Rheinland-Pfalz rund 392 KILOWATTSTUNDEN, ein Gerät der Klasse A+++ nur 157 KWH. Bei einem Strompreis von 29,3 Cent pro kWh (etwa Bundesdurchschnitt) würde hier ein Wechsel 68 € Stromersparnis ergeben.

Zudem sollten Sie immer darauf achten, egal ob es um den Kühlschrank, die Spülmaschine oder die Waschmaschine geht, dass die Größe des neuen Geräts zu Ihnen passt. Ist der Kühlschrank größer als nötig, geht kostbare Energie und damit Geld verloren. Pro 100 Liter mehr Inhalt verbraucht ein Kühlschrank knapp 10 % mehr Energie. Man sagt für einen Zwei-Personen-Haushalt passt ein 160 Liter-Gerät am besten.

Jetzt denken Sie sich wahrscheinlich: »Ja, stimmt, aber mein Kühlschrank funktioniert doch noch, warum sollte ich jetzt einen neuen kaufen? Wenn der alte kaputt geht, dann werde ich einen energiesparenderen kaufen, aber doch nicht jetzt«. Durch den deutlichen MEHRVERBRAUCH an Strom bei den älteren Geräten sparen Sie aber über die Jahre beim Neukauf mehr Geld ein, obwohl Sie zunächst Geld in die Hand nehmen müssen.

Ein Beispiel: Sie kaufen einen Kühlschrank für 450 €. Dieser verbraucht jährlich etwa 320 Kilowattstunden. Parallel kauft Ihr Nachbar einen teureren, aber klimafreundlichen Kühlschrank für 630 €, dieser verbraucht im Jahr nur 150 Kilowattstunden. Auf die Lebensdauer der Kühlschränke bezogen, spart Ihr Nachbar Geld, und zwar über 300 € nach etwa zehn Jahren.

Dabei zeigt das Energielabel die Energieeffizienzklasse des Kühlgeräts an: Je mehr »+« hinter dem A stehen, desto sparsamer ist das Gerät. Drei »+++« hinter dem A sind am effektivsten.

Außerdem ist es wichtig, wo Ihr Kühlschrank steht. Direkt neben dem Herd, Backofen oder neben der Heizung macht wenig Sinn – diese produzieren Wärme und Ihr Kühlschrank soll kühlen. Damit braucht er natürlich mehr Energie zum Herunterkühlen. Auch wenn Sie beispielsweise einen Zweitkühlschrank im Keller haben, stellen Sie ihn nicht neben Ihren Trockner, auch der produziert jede Menge Wärme. Zudem sollten Sie direkte Sonneneinstrahlung meiden.

Achten Sie darauf, egal ob es ein Einbaugerät oder ein allein stehender Kühlschrank ist, dass er ausreichend belüftet ist. Der Kompressor sollte nicht auf Dauerbetrieb laufen.

Wissen Sie, welche Temperatur bei Ihrem Kühlschrank eingestellt ist? 7 GRAD im Kühlschrank reichen aus, damit Lebensmittel nicht verderben. Wenn Sie Ihren Kühlschrank um ein Grad hochstellen, sinkt der Stromverbrauch um etwa 6 %.

Der Tiefkühlschrank sollte idealerweise eine Temperatur von −18 GRAD CELSIUS haben, das ist der optimale Kompromiss zwischen Lebensmittelqualität und Energieverbrauch.

Wenn Sie etwas auftauen, legen Sie Ihr Tiefgefrorenes in den Kühlschrank. So tauen Sie die jeweilige Ware schonend auf und kühlen gleichzeitig die Umgebung, also Ihren Kühlschrank. Somit hat der Kompressor weniger Arbeit und Sie sparen Energie.

Zudem sollte man sich vorher überlegen, was man aus dem Kühlschrank haben möchte. Das ist, denke ich, ein guter Tipp für Ihre Kinder. Es verbraucht natürlich auch weniger Strom, wenn die Tür des Kühlschranks nicht länger offen steht als nötig. Es gibt einige Modelle, die nach einer bestimmten Zeit anfangen zu piepen.

Die meiste Energie verbraucht der Kühlschrank übrigens gleich nach dem Einkauf, weil er alle neuen, frisch eingeräumten Lebensmittel erst einmal herunterkühlen muss.

Lassen Sie außerdem frisch gekochte, noch heiße Gerichte außerhalb des Kühlschranks abkühlen, bevor Sie sie in das Kühlgerät stellen. Das gilt für den Kühlschrank und das Gefrierfach.

Wenn sich im Tiefkühlfach Ihres Kühlschranks eine Eisschicht gebildet hat, sollten Sie ihn schleunigst abtauen, denn das Eis wirkt wie ein Isolator und erhöht den Energieverbrauch. Allgemein sollten Sie Ihren Kühlschrank regelmäßig abtauen, das ist in den Wintermonaten bei Frost sehr einfach, da man während der Abtauphase den Inhalt des Kühlschranks vor die Tür oder auf den Balkon stellen kann.

Wenn Sie mehrere Wochen nicht zu Hause sind, dann schalten Sie Ihren Kühlschrank ganz ab (sofern sich keine Lebensmittel darin befinden). Lassen Sie aber bitte die Tür offen, sonst bildet sich im Kühlschrank Schimmel.

Prüfen Sie bei Ihrem Kühlgerät regelmäßig die Gummidichtungen an der Tür. Sie dienen als Isolierung und verhindern so den direkten Austausch zwischen Raumluft und Kühlschrank. Daher ist es wichtig, dass die Dichtung wirklich intakt ist und gut abdichtet.

Auch ist es von Bedeutung, wie man den Kühlschrank einräumt: Er hat unterschiedliche Zonen mit verschiedenen Temperaturen. Dabei mögen es manche Lebensmittel wärmer, andere kälter. Damit sie lange frisch bleiben und ihren Geschmack bewahren hier einige Faustregeln:

Das obere Fach ist das wärmste. Hier lagert man am besten Lebensmittel, die über längere Zeit verzehrt werden können und nicht so viel Kühlung benötigen, wie Butter, Geräuchertes oder Eingelegtes, schon gegarte Gerichte oder originalverpackte Wurst oder Käsesorten. Auf keinen Fall sollten Sie in diesem Fach rohes Fleisch, Eier oder Frischmilch aufbewahren.

Im mittleren Bereich fühlen sich Milchprodukte wie Joghurt, Käse, Sahne und Co. wohl, auch wenn sie angebrochen sind. Noch kühler ist es im unteren Teil des Kühlgeräts und dort an der Rückwand, hier liegen die Temperaturen meist bei 0 bis 5 Grad. Dort sollte man schnell verderbliche Lebensmittel wie frisches Fleisch, Wurst und frischen Fisch aufbewahren. Obst und Gemüse gehören ganz nach unten, in die dafür vorgesehenen Plastikfächer, hier herrscht eine höhere Luftfeuchtigkeit (um 90 %), die das Obst und Gemüse länger frisch und knackig hält und die Vitamine länger erhalten bleiben. Zudem ist das der richtige Platz, um Lebensmittel aus dem Tiefkühlschrank schonend aufzutauen. Auch in den Schranktüren ist viel Stauraum. Hier sollte man allerdings daran denken, dass die Temperatur durchs Öffnen des Kühlschranks stark schwankt und keine Lebensmittel lagern, die konstant kühl gelagert werden müssen. Stattdessen sind hier Getränke, Soßen und Marmeladen sowie Eier gut aufgehoben. Im Obst- und Gemüsefach können unsere Einkäufe ohne Plastikverpackung aufbewahrt werden. Jedoch sollten Sie allgemein überlegen, ob wirklich jedes Obst oder Gemüse überhaupt in den Kühlschrank muss. Tomaten (sie verlieren sogar ihr Aroma im Kühlschrank), Gurken, Kartoffeln (sie verändern bei Kühlung ihren Geschmack), Paprika, Birnen, Äpfel, Bananen und Zitrusfrüchte (sie sind kälteempfindlich) beispielsweise lagern besser bei Zimmertemperatur und halten sich dort länger. Lagern Sie angebrochene Lebensmittel am besten in Frischhalteboxen, sonst verbreiten sich Bakterien im Kühlschrank. Zudem sollten Sie den Kühlschrank nicht überladen, das erhöht den Stromverbrauch. Alle zwei bis vier Wochen sollte man außerdem seinen Kühlschrank ordentlich reinigen. Dafür bitte den Stromstecker ziehen, denn der Kühlschrank steht ja eine Weile offen.

Der Gefrierschrank oder die Gefriertruhe verbrauchen noch mehr Strom als der Kühlschrank. Überlegen Sie beim Kauf genau, ob ein extra Gerät überhaupt nötig ist, oder ob das Gefrierfach in Ihrem Kühlschrank ausreicht. Familien mit Kindern können meist nicht auf den Gefrierschrank verzichten, dann aber bitte bei der Größe genau nachdenken und somit Geld sparen. Zudem sollte man auch hier ein möglichst energiesparendes Modell (A+++) kaufen. Außerdem ist es bei den Gefriergeräten noch nötiger, die Tür möglichst kurz zu öffnen, damit wenig warme Luft einströmt.

››› DIE SPÜLMASCHINE

Kommen wir nun zur SPÜLMASCHINE, eine wirklich tolle und schon im vorletzten Jahrhundert entdeckte Erfindung. Die erste Geschirrspülmaschine wurde in Chicago 1893 auf der Weltausstellung präsentiert.

Dennoch ist es erstaunlich, dass heutzutage etwa noch 40 % der Deutschen mit der Hand ihr Geschirr spülen, davon circa 10 % sogar unter fließendem Wasser. Würde ein Zwei-Personen-Haushalt laut Untersuchungen der Universität Bonn vom Abwaschen unter fließendem Wasser auf eine energieeffiziente Spülmaschine umsteigen, würden sie im Jahr etwa 18 100 Liter Wasser, 341 kWh, 210 Kilogramm Kohlendioxid und 130 € einsparen. Denn moderne Spülmaschinen sind nicht nur praktisch und sparen Zeit ein, sondern auch jede Menge Energie und Wasser. Allerdings sollten Sie darauf achten, dass Sie nur eine vollständig gefüllte Maschine anstellen. Auch hier SPAR- UND ECOPROGRAMME bevorzugen, denn kurze Laufzeit und niedrige Temperaturen reichen meist aus, um täglich das Geschirr sauber zu bekommen. Ein Programm mit einer 10 Grad niedrigeren Wassertemperatur beispielsweise spart pro Spülgang etwa 20 % Strom. Zudem sollten Sie stark verschmutztes Geschirr nicht unter dem Wasserhahn vorspülen, sondern mit einem Lappen, Papierküchentuch oder einer alten Serviette Speisereste entfernen – den Rest erledigt die Minna, die Maschine.

JE MEHR »+« HINTER DEM A STEHEN, DESTO SPARSAMER IST DAS GERÄT. DREI »+++« HINTER DEM A SIND AM EFFEKTIVSTEN.

››› TIPPS BEIM KOCHEN: ENERGIE SPAREN

Der Begriff KLIMABEWUSST KOCHEN verwirrt Sie jetzt wahrscheinlich etwas. Gemeint ist vor allem: gemeinsam kochen. Der Kochtopf ist zwar für einen allein kleiner, aber wenn jeder allein kocht, sind es viele kleine Nudelwassertöpfe und Herdplatten, die Energie verbrauchen. Außerdem tut gemeinsames Kochen mit Freunden und der Familie der Seele gut.

Und wenn wir schon mal am Herd sind, ist natürlich die KOCHTOPFGRÖSSE entscheidend und kann viel Energie sparen. Zudem gehört zu jedem Topf ein Deckel und der spart richtig Energie, wenn er die richtige Größe hat – bis zu 30 %. Natürlich sollte die Topfgröße nie kleiner sein als die Herdplatte. Wer auf einem Elektroherd kocht, sollte unbedingt an flache Böden für Töpfe und Pfannen denken. Bei einem Gasherd ist das nicht von Bedeutung.

Insgesamt gilt natürlich auch bei HERD und BACKOFEN beim Neukauf über ein energieeffizientes Gerät, auch wenn es einige Euro teurer ist, nachzudenken – auf lange Sicht sparen Sie viel Geld und schonen das Klima.

Überlegen Sie genau, wie viel Wasser Sie benötigen und salzen Sie das Wasser erst, wenn es kocht. Warum das? Da müssen wir etwas tiefer in die Physik einsteigen: Um Wasser zum Kochen zu bringen, sich ein Teil des Wassers in Wasserdampf verwandelt, müssen viele Wassermoleküle aus dem Verband mit anderen Molekülen herausgelöst werden. Dafür ist Energie notwendig. Diese Energie führt man dem Wasser durch Erhitzen zu und bringt es schließlich bei etwa 100 Grad zum Kochen. Ist nun Salz schon seit Anfang an im Wasser gelöst, so stellen sich den Wassermolekülen zusätzlich Salzteilchen in den Weg und machen es den Wassermolekülen schwerer, sich aus dem Verbund zu lösen. Das Wasser muss stärker erhitzt werden, es ist mehr Energie nötig. Insgesamt ist es sowieso viel energiesparender, wenn Sie Ihr Nudelwasser im WASSERKOCHER erhitzen.

Zudem sollten Sie über einen DAMPFKOCHTOPF oder SCHNELL-KOCHTOPF nachdenken, der spart viel Zeit und bis zu 50 % Energie. Ähnlich sieht es mit einer HEISSLUFTFRITTEUSE aus. Zum einen schmecken die Gerichte frischer, sind vitaminreicher, fettärmer und gesünder und zum anderen benutzen Sie Ihren Backofen seltener und sparen viel Energie und damit Geld.

Wenn Sie Gemüse oder Kartoffeln in einem normalen Topf kochen, ertränken Sie diese bitte nicht. Es reicht, wenn der Topfboden mit Wasser bedeckt ist und so das Gemüse im Dampf gart, so bleiben auch viele Vitamine erhalten.

Viele Elektroherde haben eine lange Nachheizphase, sodass die Herdplatte noch lange warm bleibt. Nutzen Sie diese RESTWÄRME und stellen Sie den Herd vorzeitig ab.

Diese Restwärme ist auch praktisch zum Reinigen der Töpfe nach dem Kochen. Geben Sie einfach etwas Wasser gemischt mit Spülmittel in den Topf und lassen Sie es einweichen. Mit Zewa oder einer Papierserviette können Sie dann den Topf einfach auswischen und sauber ist er.

Auch im Backofen kann man Energie sparen: Nutzen Sie öfter den UMLUFTBETRIEB, er ist der Ober- und Unterhitze überlegen, denn bei Umluft können Sie bei gleicher Gardauer eine um 20 Grad niedrigere Temperatur einstellen.

Und wenn Sie nur ein paar Würstchen oder Toast grillen wollen, benutzen Sie den Toaster oder einen Kleingrill und werfen Sie nicht den großen Backofen an. Der verbraucht deutlich mehr Energie.

Haben Sie schon mal etwas vom »BATCH COOKING« gehört? Es steht für Vorkochen: Kochen Sie verschiedenste Zutaten oder fertige Gerichte in größeren Mengen vor, packen Sie alles in luftdichte Behälter und lagern diese anschließend im Kühlschrank. Natürlich bedarf dies einer guten Planung und Organisation, aber so sparen Sie in den nächsten Tagen Zeit und Energie. Einmal einen großen Topf Nudeln kochen, verbraucht einfach weniger Energie als drei Tage hintereinander kleine Mengen zu garen. Auch wenn einmal der Backofen an ist, kann er für verschiedene Gerichte genutzt werden.

ALLGEMEINE VERBRAUCHERTIPPS: HAUS, AUTO, BÜRO UND FREIZEIT

>>> ALLES RUND UM DEN ÖKOSTROM

Es ist bewiesen, dass wir Deutschen jedes Jahr mehr Strom verbrauchen. Der Trend zu größeren Wohnflächen und mehr Einpersonenhaushalten in Großstädten führt zu einem höheren Stromverbrauch. Von 1990 bis 2016 ist der durchschnittliche Stromverbrauch in Deutschland um etwas mehr als 8 % gestiegen. Obwohl der Anstieg immerhin für das Jahr 2018 durch das Produzieren von mehr regenerativer Energie etwas weniger stark war als in den Vorjahren. Laut Bundesumweltamt entstehen derzeit aber etwa 6,5 % der Treibhausgase eines Deutschen durch den Stromverbrauch, das sind etwa 760 Kilogramm Treibhausgase pro Jahr. Dabei macht Kohlendioxid mit 98 % den Großteil der energiebedingten Emissionen aus. Immerhin konnte der CO_2-Ausstoß in der Stromproduktion in den letzten Jahren durch die erneuerbaren Energien gesenkt werden. Etwa 38 % des gesamten deutschen Bruttostromverbrauchs stammen mittlerweile aus dieser sauberen Quelle. Somit gelangte 2016, obwohl mehr Strom produziert wurde, weniger CO_2 in die Atmosphäre. In Zahlen: 1990 waren es 366 Millionen Tonnen CO_2, 2016 nur noch 303 Millionen Tonnen Kohlendioxid, trotz des Rückgangs dennoch eine ganze Menge.

Jeder Einzelne von uns kann seinen Beitrag leisten und zum ÖKOSTROM wechseln. Dieser verspricht dank erneuerbarer Energien einen geringeren CO_2-Ausstoß bei der Energiegewinnung. Viele Deutsche haben bereits gewechselt, 2018 bezogen schon 11,4 Millionen Menschen in unserem Land Ökostrom-Produkte.

Wenn Sie überlegen, zu welchem Ökostromanbieter Sie wechseln, sollten Sie folgendes beachten:

Nicht überall, wo Ökostrom draufsteht, ist auch klimaneutrale Energie drin. Der Begriff ist in Deutschland nicht geschützt, deshalb sollten Sie auf richtige GÜTESIEGEL achten. Die Verbraucherzentralen empfehlen das GRÜNE STROM LABEL, das OK POWER-LABEL und ECOTOPTEN-STROMPRODUKTE des Ökoinstituts. Ein Wechsel zu einem ökologisch freundlichen Stromanbieter ist übrigens kinderleicht. Wenn Sie sich für einen Anbieter entschieden und den Antrag abgegeben haben, kümmert sich der neue Anbieter um die Kündigung beim bisherigen zu den entsprechenden Vertragsfristen.

Wussten Sie eigentlich, dass Sie auch mit dem »normalen« Stromtarif schon zum Teil Strom aus erneuerbaren Energien beziehen? Durch das Erneuerbare-Energien-Gesetz (EEG) treibt die Bundesregierung den Ausbau von Strom aus regenerativen Quellen voran und auch die Wirtschaft selbst investiert zunehmend in nachhaltige Stromquellen.

EIN WECHSEL ZU EINEM ÖKOLOGISCH FREUNDLICHEN STROMANBIETER IST ÜBRIGENS KINDERLEICHT. WENN SIE SICH FÜR EINEN ANBIETER ENTSCHIEDEN UND DEN ANTRAG ABGEGEBEN HABEN, KÜMMERT SICH DER NEUE ANBIETER UM DIE KÜNDIGUNG BEIM BISHERIGEN ZU DEN ENTSPRECHENDEN VERTRAGSFRISTEN.

>>> NACHHALTIG HANDELN UND EINKAUFEN

Fakt ist, wir verbrauchen mehr Ressourcen als nachwachsen. Weltweit gesehen, waren das 2019 1,75 Erden, die verbraucht wurden, laut wissenschaftlichen Schätzungen. Wenn alle Menschen so leben würden wie wir in Deutschland, bräuchten wir sogar drei Erden. Wir ignorieren die einfachen Regeln des Wirtschaften: Man kann auf Dauer nicht mehr ausgeben, als man einnimmt – das funktioniert einfach nicht.

Zuletzt lebten wir vor rund 50 JAHREN RESSOURCENSCHONEND. 1970 waren die verfügbaren Ressourcen erst Ende Dezember aufgebraucht, da war noch alles im Lot. Seit Mitte der 1980er Jahre leben wir Menschen über unsere Verhältnisse. Wir betreiben Raubbau an unseren natürlichen Vorkommen. Im Jahre 2000 lebten wir schon ab September auf Öko-Pump. Und im Jahre 2018 waren schon am 1.August weltweit gesehen alle natürlichen Ressourcen verbraucht, die innerhalb eines Jahres wieder nachwachsen würden. 2019 war bereits am 29. Juli die Speisekammer der Erde für dieses Jahr leergefuttert. Die Menschheit strapaziert den Erdball über. Wir zerstören die Grundlage, dass unsere Kinder und Enkel überhaupt eine Speisekammer anlegen können.

Wir allein können die Welt nicht retten, es müssen vielmehr die gesellschaftlichen und politischen Rahmenbedingungen so verändert werden, dass klima- und umweltfreundlicher Konsum zum Standard wird, zur Normalität. Um das zu bewerkstelligen, sollte klimabewusstes Denken ein Automatismus werden. Schulen müssten Klimaschutz mit in den Unterrichtsstoff aufnehmen. Und jeder sollte es zu Hause am Abendbrottisch immer mal wieder thematisieren.

Unser Alltag muss sich wandeln, wir müssen unser Konsumverhalten umstellen, dadurch kann sich unsere Lebensqualität verbessern, auch wenn Sie sich das nicht vorstellen können. Man muss es nur wollen und offen für Neues sein, denn im Moment verbrauchen wir mehr Rohstoffe, verschmutzen mehr Wasser, fangen mehr Fisch, essen mehr Fleisch, schlagen mehr Holz und produzieren mehr Kohlendioxid als unsere Erde ausgleichen und produzieren kann.

Es muss auch nicht jeder alles, jetzt sofort und für immer ändern. Jedem ist etwas anderes wichtig und jeder kann seine eigenen Prioritäten setzen. Bei vielen Dingen gibt es ein »kann« und kein »muss«.

Ein Deutscher verursacht jährlich im Schnitt 11,6 TONNEN TREIBHAUSEMISSIONEN. Davon entfallen laut Umweltbundesamt etwa 21 % auf Heizung und Strom, 19 % auf Mobilität, 15 % auf Ernährung, 39 % auf sonstigen Konsum. Dazu gehören zum Beispiel Emissionen für die Herstellung von Baumaterialien, Möbel oder Autos.

Viele kleine Alltagsentscheidungen können wir bewusst umweltfreundlich gestalten. Irgendwann passiert es automatisch und dann ist schon viel geschafft.

Und weltweit muss natürlich auch so einiges passieren. Zum Beispiel beim Thema Bevölkerungsexplosion. Zwar verursachen die Industrienationen den Großteil der Treibhausgase im Gegensatz zu den Entwicklungsländern, dennoch muss beim Bevölkerungswachstum etwas getan werden. Viele sehen da keinen Zusammenhang zum Klimawandel, aber es gibt ihn, denn je mehr Menschen es gibt, desto mehr Energie wird benötigt und desto mehr Nahrung ist nötig. Es wird mehr Müll produziert und mehr nachwachsende Ressourcen gebraucht. Somit ist eine Investition vor allem in die Gleichberechtigung der Frauen und Mädchen in den ärmeren Ländern und Bildung in diesen Regionen ein sehr wichtiger Schritt. Bisher können viele Frauen vor allem in den Dritte-Welt-Ländern nicht selbst über Schwangerschaften bestimmen, bekommen keine Chance auf Bildung und gut bezahlte Arbeit. Entwicklungshilfeprojekte im Iran und in Bangladesch zeigen aber, dass diese Investitionen lohnend sind. Auf völlig freiwilliger Basis und mit der ausdrücklichen Billigung durch die religiösen Autoritäten wurde die Öffentlichkeit über Verhütung aufgeklärt und ihnen freier Zugang zu Verhütungsmitteln ermöglicht. Dadurch hat sich die Geburtenrate in nur einem Jahrzehnt im Iran halbiert. In Bangladesch sank die Geburtenrate von durchschnittlich sechs Kindern in den 1980er-Jahren auf heute zwei Kinder. Es ist wichtig, nicht nur Verhütungsmittel zu verteilen, sondern die Bevölkerung über Sexualität und Familienplanung aufzuklären, zu beraten und diese Kenntnisse mithilfe der Medien möglichst weit zu streuen. Das ist meist erfolgreicher und nachhaltiger als die staatlich erzwungene Geburtenkontrolle, die es in einigen Ländern gibt. Vor allem ist es menschenwürdiger.

Wenn wir uns über Nachhaltigkeit informieren, liest man immer wieder etwas über die BIOKAPAZITÄT. Sie beträgt laut WWF pro Jahr 1,7 globale Hektar pro Person. Das bedeutet, dass im Schnitt jeder Mensch auf der Erde 3,3 globale Hektar pro Jahr verbraucht. Diesen Verbrauch nennt man ÖKOLOGISCHEN FUSSABDRUCK. Dabei spricht man vom globalen Hektar, da die Fruchtbarkeit auf der Erde nicht überall gleich verteilt ist. Berge und Wüsten sind naturgemäß nicht so fruchtbar wie Wiesen oder bewirtschaftete Äcker. Daher würde ein normaler Hektar eine falsche Wahrnehmung vermitteln. Dabei haben wir Industrieländer einen deutlich stärkeren Fußabdruck als Entwicklungs- und Schwellenländer. In Deutschland wären rechnerisch die Naturressourcen schon am 2. Mai 2018 aufgebraucht gewesen, danach lebten wir auf Pump und verbrauchten bzw. verbrauchen die Lebensgrundlage unserer Kinder und Enkel. In Vietnam reichen die nachwachsenden Ressourcen dagegen bis zum 21. Dezember. Das heißt, vor allem wir reichen Länder können und sollten unser Verhalten ändern.

Sie können übrigens im Internet einen Test für Ihren ganz persönlichen ökologischen Fußabdruck machen. Ich hab es gemacht, seien Sie ehrlich mit sich und erschrecken Sie sich nicht über das Ergebnis.

Als kleine Anregung: Wenn Sie das Buch fertig gelesen haben, machen Sie den Test noch einmal in einem halben Jahr und schauen Sie, wie er dann ausfällt.

Um das Thema NACHHALTIGKEIT wirklich richtig anzugehen, müsste ein gutes RESSOURCENSCHUTZGESETZ her. Dabei sollte aber die gesamte Wertschätzungskette von Produkten berücksichtigt werden: von der Gewinnung, über die Verarbeitung und Nutzung von einem Produkt bis hin zum Abfall. Es könnte unter anderem verbieten, dass neuwertige und gebrauchsfähige Waren vernichtet werden, wie es oft im Online-Handel und in der Textilbranche bei Retouren passiert. Denn erschreckende 30 % der Retourwaren gelangen im deutschen Online-handel laut Greenpeace nicht wieder in den direkten Verkauf, obwohl sie funktionstüchtig und oft sogar neuwertig sind. Irrsinnigerweise ist es im Moment für den Händler billiger, professionelle Kaputtmacher zu engagieren, als die Ware neu zu verpacken oder an Bedürftige zu verschenken. In Frankreich arbeitet die Regierung gerade an einem Gesetz, das das Vernichten neuwertiger Waren verbieten soll. Supermärkte in Frankreich müssen Lebensmittelabfälle bereits spenden, kompostieren oder als Tierfutter einsetzen.

Denken Sie mal drüber nach, wie viel Sie im Alltag wegwerfen. Angefangen beim Essen, über überflüssige Kleidung, bis hin zum Müll, den wir tagtäglich produzieren. Jedes fünfte Kleidungsstück in Deutschland wird laut einer Onlineumfrage von Greenpeace so gut wie nie getragen. Das macht eine Milliarde Kleidungsstücke, die ungenutzt in Schränken liegen. Erwägen Sie doch mal einen Bummel in SECONDHANDLÄDEN oder bequem von zu Hause aus auf Plattformen wie EBAY KLEINANZEIGEN, KLEIDERKREISEL oder REBELLE, falls es Designerklamotten sein müssen. Regelmäßig finden in Städten Kleidertauschbörsen statt. Dort können Sie von sich etwas anbieten und gleichzeitig, wenn es unbedingt sein muss, neu zuschlagen. Oder schauen Sie doch einfach mal wieder weiter hinten im Kleiderschrank nach. Dort finden Sie vielleicht Sachen, die Sie Jahre nicht anhatten wieder. Solch eine Wiederentdeckung fühlt sich doch fast wie ein Neukauf an.

Wer ein Kilogramm Kleidung vor der Müllkippe bewahrt, statt neu zu kaufen, spart etwa 3,5 Kilogramm Kohlendioxidemissionen.

Selber machen, reparieren, tauschen, wiederverwerten und verschönern sollten zum Lebensmotto werden.

ZULETZT LEBTEN WIR VOR RUND 50 JAHREN RESSOURCENSCHONEND.

››› RECYCLING

Es wurde bereits angesprochen, dass wir unsere nachwachsenden Rohstoffe schonen müssen, damit wir unseren Kindern und Enkeln nicht die Lebensgrundlage nehmen und dabei spielt RECYCLING eine große Rolle.

Die Wiederverwertung von Müll schont nicht nur Bodenschätze und pflanzliche Rohstoffe, sondern spart auch Kohlendioxid-Emissionen ein. Je mehr wir konsumieren, desto mehr Müll produzieren wir. Immerhin gibt es ja nun schon seit vielen Jahren die Mülltrennung in Gelbe Tonnen, Papiermüll, Bioabfall, Glas- und Restmüll. Und zum Glück sehen immer mehr Kommunen die Notwendigkeit und machen beispielsweise die Biotonne zu einem Muss in jedem Haushalt.

Wussten Sie, dass vor allem die Verstädterung auf der Welt das Müllaufkommen im letzten Jahrhundert verzehnfacht hat? Experten vermuten, dass sich die Müllproduktion bis 2025 global noch einmal verdoppeln wird. Der Hausmüll macht dabei in etwa die Hälfte aus. Der Umgang mit diesem Müll ist größtenteils Aufgabe der Kommunen. Die andere Hälfte ist der Industriemüll.

Um den Hausmüll in den Städten zu reduzieren, wurde die Recyclingquote eingeführt. Damit bezeichnet man den Prozentsatz der Abfälle einer Stadt, der erfolgreich wieder verwertet wird, dabei ist das Kompostieren mitinbegriffen. Von Stadt zu Stadt gibt es da weltweit gesehen große Unterschiede. Führend sind derzeit San Francisco und die australische Stadt Adelaide mit einer Recyclingquote von 65 %, aber auch auf den Philippinen erreicht die Stadt Quezon City und in Mali die Stadt Bamako die gleiche Quote. Von San Francisco könnten wir uns hier in Deutschland zum Beispiel abschauen, dass nur Müll Gebühren kostet, der auf Deponien landet und auch Kleidung von der Müllabfuhr mit abgeholt und recycelt werden könnte. Das Pfandsystem von Getränkeflaschen bis zu Elektrogeräten kann ebenfalls die Recyclingquote erhöhen. Die EU strebt bis 2030 das 65-%-Ziel bei dieser Quote an. Und wenn wir dieses weltweit bis 2050 erreichen, sparen wir 2,8 Gigatonnen Kohlendioxid ein, das wäre doch ein Erfolg.

Jeder Einzelne kann beim Thema Müll etwas tun. Nachhaltiges Handeln im Alltag bedeutet nämlich nicht nur Recycling, sondern vor allem auch MÜLLVERMEIDUNG und MÜLLTRENNUNG und der bewusste Umgang damit. Zwar hat fast jeder von uns ein schlechtes Gewissen, wenn er die CDs, Batterien und Handys einfach in den Restmüll wirft, aber viele von uns tun es dennoch und fahren sie nicht extra zum Recyclinghof. Wenn man die Wahl hat, ob man die Plastik- oder die deutlich schwereren Glas-Mehrwegflaschen die Treppe hochschleppt – wofür entscheiden Sie sich? Und muss es eigentlich wirklich die klassische Zeitung sein, die man sich jeden Tag am Kiosk kauft oder mit der Post bekommt? Mittlerweile kann man sich auf das Smartphone oder das iPad das Zeitungsabo schicken lassen und spart damit jeden Tag Papier.

Kaufen Sie bewusst weniger, aber mit besserer Qualität. Vor allem der Abfall schlecht gewordener Lebensmittel wird so deutlich reduziert. Es hat mittlerweile keinen schlechten Ruf mehr Second Hand-Ware zu kaufen, im Gegenteil, es ist trendy und tut der Umwelt gut. Wiederverwendung, gebraucht kaufen, auf den Flohmarkt gehen, selbst Sachen dort verkaufen oder einkaufen – das vermeidet Neuproduktionen, spart Energie und produziert weniger Müll. Bei der Produktion von vielen Kunststoffprodukten, Kleidungsstücken und Geräten entstehen zudem viele giftige Abgase, Abfälle und Abwasser. Insgesamt wird leider viel zu viel von Dingen produziert, die niemand braucht und die dann schnell wieder im Müll landen. Das schädigt das Klima bei der Herstellung, beim Transport und bei der Entsorgung!

Deshalb konsumieren Sie bewusst: Kaufen Sie lose, plastikfreie oder wenigstens plastikarme Produkte, entscheiden Sie sich für wenig Verpackung und Waren, die langlebig sind. Machen Sie sich einen Wochenspeiseplan und kaufen Sie nach einer bewusst geschriebenen Einkaufsliste ein. Kaufen Sie regionale Produkte. Tauschen, schenken, leihen und reparieren Sie, es muss nicht immer alles neu sein. Zum Beispiel bei Büropapier, Taschentüchern, Toilettenpapier und Abfalltüten kann man ruhig zu recycelten Produkten greifen ohne schlechtere Qualität zu haben. Kaufen Sie Produkte mit dem BLAUEN ENGEL drauf oder mit dem EUROPÄISCHEN UMWELTZEICHEN, da können Sie sich sicher sein, dass die Produkte recyclingfreundlich sind.

Kennen Sie den Begriff »UPCYCLING«? Das bedeutet, dass man zum Beispiel aus Paletten Sofas zaubern kann oder Marmeladengläser zu Lampen oder Kuchenformen zu Blumentöpfen umgestalten kann. Mit »DIRECTRECYCLING« ist gemeint, dass man aus Altpapier Briefumschläge selber bastelt oder aus Zeitungen Wanddekorationen macht.

In der Industrie wird zum Teil schon umgedacht, indem der Materialverbrauch reduziert wird und Abfälle wiederverwendet und recycelt werden. Dadurch werden zum einen Emissionen reduziert, die entstehen, wenn Rohstoffe gewonnen, transportiert und verarbeitet werden und insgesamt werden weniger Rohstoffe gebraucht und somit geschont. Nach einer Studie des Fraunhofer Instituts entstehen bei der Stahlproduktion, beispielsweise aus Schrott, 56 % weniger Kohlendioxid als bei der Neuproduktion aus Eisenerz. Bei der Aluminiumherstellung werden sogar 95 und bei der Kupferproduktion 36 % Emissionen eingespart. Auch beim Recycling von PE-Folien und PET spart man rund 70 bis 85 % Treibhausgasausstoß im Gegensatz zur Primärproduktion aus Erdöl.

Die Einspareffekte bei Papier liegen bei 50 % und bei Holz bei 90 %. Dabei schont der Recyclingprozess natürlich die Wälder, die dadurch, dass sie nicht abgeholzt werden müssen, ja auch noch Kohlenstoff aufnehmen und binden.

Natürlich ist aber auch das effizienteste Recycling nicht emissionsfrei, und auch das Sammeln der Abfälle, der Transport und die Verarbeitung erfolgen heutzutage noch zum großen Teil mit Energien aus fossilen Brennstoffen. Aber dennoch spart es, wenn man alles kalkuliert, deutlich mehr Treibhausgasausstoß ein als bei Neuproduktionen und es ist die effektivste Methode mit dem Müll umzugehen und Emissionen zu senken. Zudem gelangt weniger Müll auf Deponien und in Müllverbrennungsanlagen, die ja auch Geld kosten, Energie brauchen und Emissionen ausstoßen.

Eine riesige Erfolgsgeschichte ist zum Beispiel ein weltweit tätiges Unternehmen, das Teppichfliesen herstellt. Grundlage für ihre Teppiche sind ausrangierte Fischernetze aus Entwicklungsländern. So werden diese nicht einfach ins Meer geworfen und legen sich nicht über Riffe und Atolle, wodurch Tausende Fische sterben, sondern sind die Grundlage für Teppichgarn. Ein doppelter Erfolg. Auch nimmt dieses Unternehmen alte entsorgte Teppichfliesen wieder zurück und benutzt sie als Rohmaterial für Neuware.

Dies müsste viel mehr passieren, denn der Industriemüll nimmt 50 % des Gesamtmüllaufkommens ein. Es sollte eine Rücknahmepflicht geben, Firmen müssten gesetzlich gezwungen werden, ihre Produkte am Ende wieder zurückzunehmen. Das wäre ein Anreiz für eine langlebige, reparaturfreundliche und recyclefähige Herstellung. Schon zu Beginn der Herstellung sollte man in der Industrie an das Recyceln am Ende der Lebenszeit eines Produktes denken. Aber auch in die wissenschaftliche Weiterentwicklung und Forschung in diesem Bereich muss Geld gesteckt werden, denn hier ist noch viel Potential vorhanden.

››› MIKROPLASTIK UND REIFENABRIEB

Innovative Umwandlungstechnologien könnten die Recyclingquote weiter signifikant erhöhen. In diesem Zusammenhang möchte ich auf das Thema REIFENABRIEB und MIKROPLASTIKMÜLL eingehen. Zu dem »normalen«, bereits bekannten Plastikproblem kommt das Mikroplastikproblem hinzu.

Was ist eigentlich MIKROPLASTIK? Damit sind kleine Kunststoff-Teilchen mit einem Durchmesser kleiner als 5 Millimeter gemeint. Sie sind fester, unlöslicher, synthetischer Kunststoff und somit schwer aus der Umwelt zu entfernen. Zudem wirken sie für Umweltgifte wie ein Magnet, Schadstoffe fühlen sich von Mikroplastik angezogen. Die Folgen für die Ökosysteme, die Tierwelt und uns Menschen sind heute kaum absehbar.

Man unterscheidet zwei verschiedene Arten von Mikroplastik: Zum einen werden für Kleidung und Kosmetika Mikroplastikpellets hergestellt, die in Peelings, im Duschbad oder zum Beispiel in Zahnpasta Anwendung finden. In flüssiger Form kann man sie auch als Bindemittel verwenden.

Außerdem entsteht Mikroplastik beim Zerfall von normalem, großem Plastikmüll durch Einwirkung von Sonne, Wind und Wellen. Klärwerke können die Minipartikel im Moment nicht ausreichend filtern, so gelangen sie über das Abwasser in unsere Flüsse und die Meere. Jedes Jahr sollen es weltweit über 3 MILLIONEN TONNEN Mikroplastik-Partikel sein. Nach einer Untersuchung 2018 vom Fraunhofer

Institut für Umwelt-, Sicherheits- und Energietechnik werden jährlich in Deutschland insgesamt RUND 446 000 TONNEN Kunststoff in die Umwelt freigesetzt. Dabei machen mit etwa 330 000 Tonnen die Plastikpartikel unter 5 Millimeter mehr als das Dreifache des restlichen großen Plastikmülls aus. Den größten Anteil beim Mikroplastik übernimmt mit etwa einem Drittel der Abrieb von Autoreifen. Den Rest produzieren Bauschutt, Sportplätze, Kompost, Gebäudefassaden, Medikamente oder beispielsweise Schuhsohlen. Allerdings könnten wir ohne Reifenabrieb nicht vernünftig Auto fahren – wir würden aus der Kurve fliegen beziehungsweise nicht auf der Straße bleiben. Um festen Halt auf Asphalt zu haben, egal ob in Kurven oder beim Bremsen, ist der Abrieb notwendig. Die Miniplastikpartikel landen auf der Straße, werden vom Regen weggespült und gelangen irgendwann im Erdboden oder der Kanalisation. Eine Idee wäre, die Straßenreinigung häufiger zum Einsatz kommen zu lassen. Aber erstens kostet das auch Energie und damit Emissionen, was nicht gut für die Umwelt ist und zum anderen sind die Partikel so klein, dass nicht alle erwischt werden. Aber es gibt so einige Neuentdeckungen zu diesem Thema: Berliner Kläranlagen testen gerade NEUE FILTERSYSTEME, die aus sehr feinem Filtergewebe und Filtertüchern bestehen. Durchgesetzt haben sie sich aber noch nicht, da sie häufig durch größere Flusen verstopfen.

In Bayern investiert man in die Entwicklung von Blechfiltern, in die Löcher mit einem Durchmesser von 10 Mikrometer per Laser gebohrt werden. Das vorgefilterte Wasser in Kläranlagen wird dann noch einmal durch diese Rohre geleitet, wodurch die winzigen Mikroplastikteile herausgefiltert werden können. Zum Einsatz sollen die neuen Filter 2021 kommen.

Ganz verrückt ist, dass ein 18-jähriger irischer Schüler mit der Erfindung eines MAGNETEN, der Mikroplastik aus dem Abwasser entfernen kann, einen internationalen Wissenschaftswettbewerb gewonnen hat. Er hat eine Flüssigkeit namens FERROFLUID hergestellt, die auf Magnetfelder reagiert und sich im Wasser mit Mikroplastik zusammenfügt. Mit einem Magneten kann man so die Flüssigkeit samt der Mikroteilchen aus dem Wasser entfernen. Bei 1000 Tests wurden so 87 % vom Mikroplastikmüll aus dem Wasser gefiltert.

Ein großer Teil des Mikroplastikmülls landet über Abwasser, Straßenabflüsse und Wind im Meer. Hier nehmen Fische, Muscheln, Seehunde oder Kleinstlebewesen wie Zooplankton dieses für sie giftige Mikroplastik auf und werden krank. Studien konnten Entzündungen und toxikologische Gewebeveränderungen bei Tieren feststellen. Der nicht abgebaute Kunststoff samt der Schadstoffe, die sie magisch anziehen, gelangt so in die Nahrungskette vieler Meereslebewesen. Welche Auswirkungen das auf den Menschen hat, ist bisher nur wenig bekannt. Im Trinkwasser wurden schon Spurenstoffe von Mikroplastik nachgewiesen, aber in so geringer Konzentration, dass es für uns unschädlich, unbedenklich ist.

Die höchste Konzentration von Mikroplastik wurde laut dem Alfred-Wegner-Institut übrigens in der Arktis gefunden. Der größte Teil gelangt dabei mit dem Wind dorthin. 12 000 Partikel Mikroplastik pro Liter Meereseis wurden hier entdeckt.

Was können wir tun, damit auch dieses Problem eingedämmt wird? Den Mikroplastikmüll wieder aus den Meeren zu fischen, ist schwierig, es sei denn man benutzt Teesiebe dazu, was natürlich im Großen schwer funktioniert. Deshalb bleibt das Vermeiden dieses Mülls die beste Maßnahme.

Lassen Sie also häufiger Ihr Auto stehen. Kaufen Sie keine Kosmetika, in denen sich Mikroplastik befindet. In so einigen Produkten wie Duschgels, Zahnpasta, Peelings, Shampoos, Lippenstiften, Puder oder Sonnencremes sind die kleinen Plastikkügelchen enthalten. Auch in flüssigen, gel- oder wachsförmigen Artikeln findet man sie. Lesen Sie die Inhaltsstoffe genau, bei Begriffen, in denen »Poly«, »Acryl«, oder »Nylon« auftauchen, sollten Sie hellhörig werden. Naturkosmetikprodukte sind auf alle Fälle plastikfrei.

Vermeiden Sie Plastikverpackungen. Auch wenn wir in Deutschland bei der Mülltrennung schon recht gut sind, vermeiden ist besser als recyceln.

Versuchen Sie keine Kleidung aus SYNTHETIK zu kaufen, vor allem in Sportklamotten und Fleecekleidung findet man sie. Aber auch in Leggings, Socken und Tops sind immer wieder Synthetikfasern vorhanden. Bei jeder Wäsche verlieren diese Kunststoffgewebe wie Mikrofaser, Polyester, Elasthan und Nylon winzige Mikroteilchen. Einen Großteil davon kann weder die Waschmaschine, noch die Kläranlage aus dem Wasser filtern. Am besten Sie kaufen Kleidung aus Naturfasern, wie Baumwolle, Wolle, Viskose, Leinen, Holzfasern oder Hanf.

Auch Putz- und Spültücher bestehen teilweise aus Mikrofasern, auch mit Baumwolltüchern bekommen Sie alles sauber.

In einigen Waschmittelsorten, vor allem in den flüssigen oder gelförmigen Produkten, befindet sich Mikroplastik. Diese dient als Trübungsmittel zum Einfärben des Produkts. Es ist aber zum Reinigen nicht notwendig. Auf den Inhaltsstoffen findet man dazu meist leider nichts. Aber wenn Sie Waschmittel mit einem BLAUEN ENGEL oder EU-ECO-LABEL darauf kaufen, sind Sie auf der sicheren Seite.

Säubern Sie Ihr Flusensieb von Waschmaschine und Trockner immer über dem Müll und nie in den Abfluss. Dabei sind sowohl die Toilette, als auch das Waschbecken gemeint. Sonst gelangen die Mikroplastikpartikel direkt ins Abwasser.

Vermeiden Sie Weichspüler. Er verstärkt das Lösen von Minifasern aus der Kleidung. Notwendig sind Weichspüler heutzutage sowieso nicht mehr, wenn es unbedingt sein muss, bringen ein Spritzer Zitronensäure oder Essig den gleichen Effekt.

Seit Ende 2016 gibt es eine neue Erfindung namens »GUPPY FRIEND«. Das ist ein Waschbeutel, der in der Waschmaschine die gelösten Minifasern auffangen soll, man kann ihn online bestellen.

Und als letzte Idee: Sprechen Sie mit Freunden, Familie und Bekannten über das Problem. Je mehr Menschen darüber Bescheid wissen, desto mehr tun etwas dagegen.

KAUFEN SIE LOSE, PLASTIKFREIE ODER WENIGSTENS PLASTIKARME PRODUKTE, DIE LANGLEBIG SIND.

>>> VOR DEM FERNSEHER, TABLET & CO.

Kommen wir nun zum Fernsehen oder besser gesagt dem nicht mehr klassischen Fernsehen. Denn wer guckt nicht immer mal wieder bei Netflix, Amazon Prime, YouTube & Co. vorbei und entspannt sich bei einem schönen Film oder einer spannenden Dokumentation zu einer Zeit, wo man wirklich Zeit hat und nicht wie es das Fernsehprogramm vorgibt. Das hat schon viele Vorteile und setzt sich mehr und mehr durch. Aber dieses Video-Streaming produziert eine Menge Datenvolumen, mehr als die Hälfte des Gesamtdatenaufkommens laut Analyse des kanadischen Netzwerkausrüsters Sandvine. Die Daten für unsere Filme schweben also nicht einfach auf irgendeiner Wolke. Nein, sie liegen physisch auf Servern, von denen sie von der ganzen Welt aus abgerufen werden können. Diese Bewegtbilder werden von riesigen Rechenzentren zur Verfügung gestellt und jagen dann tagtäglich durchs Netz. Je besser die Qualität und Auflösung der Filme dabei wird, desto mehr Datenvolumen macht das aus. Das verbraucht Unmengen Strom, der erst produziert werden muss. Schätzungsweise 200 Milliarden Kilowattstunden Strom fallen da pro Jahr an, Tendenz steigend. Mal zum Vergleich, weil man sich diese riesige Zahl gar nicht vorstellen kann: Eine drei- bis vierköpfige Familie verbraucht pro Jahr durchschnittlich 2500 kWh Strom. 200 Milliarden kWh erzeugten dagegen 2019 alle deutschen Ökostromanlagen aus Wind-, Solar-, Wasserkraft- und Biomasseanlagen zusammen. Das heißt, würde man das alles nehmen und in die Riesenrechner fürs Streaming stecken, würde das 100%ig erneuerbar sein. Jedoch bliebe in Deutschland ansonsten kein Ökostrom mehr übrig.

Im Gegensatz zu den Megarechnern, die uns die Filme zur Verfügung stellen, sind natürlich die Stromkosten auf unseren Endgeräten wie Smartphone, Tablet, Laptop & Co. gering, aber auch sie sollte man nicht vernachlässigen.

Mittlerweile surft jeder Deutsche im Schnitt ein bis zwei Stunden im Internet oder streamt Filme am Tag, auch hier Tendenz steigend. Überlegen Sie genau, ob das wirklich alles sein muss. Im Büro müssen schon viele von uns auf den Monitor schauen. Greifen Sie doch lieber ganz klassisch zu einem Buch oder gehen Sie spazieren, wenn Sie ansonsten keine Lust auf anstrengenden Sport haben. Machen Sie mal einen bis zwei Sonntage im Monat handyfrei. Das geht und es tut vor allem sehr gut, auch wenn man sich das kaum vorstellen kann.

JE BESSER DIE QUALITÄT UND AUFLÖSUNG DER FILME DABEI WIRD, DESTO MEHR DATENVOLUMEN MACHT DAS AUS. DAS VERBRAUCHT UNMENGEN STROM, DER ERST PRODUZIERT WERDEN MUSS. SCHÄTZUNGSWEISE 200 MILLIARDEN KILOWATTSTUNDEN STROM FALLEN DA PRO JAHR AN, TENDENZ STEIGEND.

>>> WIE FUNKTIONIERT EIN NIEDRIGENERGIEHAUS?

Was ist eigentlich ein Niedrigenergiehaus? Eine wirklich gesetzliche Definition gibt es in Deutschland nicht. Man hält sich an gängige internationale Richtwerte, zum Beispiel darf der maximale Heizwärmebedarf im Jahr pro Quadratmeter nicht mehr als 70 Kilowattstunden überschreiten. Nach der gültigen Energieeinsparverordnung von 2009 muss das sowieso bei allen Neubauten in Deutschland eingehalten werden, sprich danach ist jedes neue Haus in Deutschland ein Niedrigenergiehaus.

Wenn man jedoch in Landesförderprogramme kommen möchte, muss man strengere Vorgaben einhalten.

Die Kreditanstalt für Wiederaufbau (KfW) fördert beispielsweise sogenannte EFFIZIENZHÄUSER. Je nach Programm und Vorgaben kann ein Bauherr dort bei Neubau oder Sanierung von Altbauten Fördergelder beantragen.

Zudem gibt es noch PASSIVHÄUSER. Dort stehen die optimale Dämmung und die maximale Nutzung der Sonnenenergie im Mittelpunkt. Die Sonne ist dabei die Hauptwärmequelle. Eine perfekte Außendämmung und nach Süden orientierte Verglasung nutzen die wärmenden Sonnenstrahlen perfekt aus und lassen den Jahresheizwärmebedarf unter 15 Kilowattstunden pro Quadratmeter sinken. Eine gute Lüftungsanlage kann die Beheizung allein, ohne konventionelle Heizsysteme übernehmen.

Die Bundesliga unter diesen Häusern ist natürlich ein NULL-ENERGIEHAUS. Aber wie soll das denn funktionieren? Theoretisch erzeugt es genauso viel Energie wie es verbraucht. Das ist natürlich in der Praxis schwer möglich: An einem nebligen, windschwachen Tag mit 2 Grad Außentemperatur wird mit großer Sicherheit mehr Energie verbraucht als produziert wird. Aber das ist im Schnitt auf ein Jahr gesehen, das heißt, es wird Monate geben, wo es zu einem Energieüberschuss kommt, in anderen muss Energie zugeführt werden. Aber die Bilanz auf das ganze Jahr ist ausgeglichen. Dabei sind nicht nur die Energieerzeugung und die Dämmung wichtig, sondern die ganze Planung und Innengestaltung, zum Beispiel wo und wie viele Fenster angeordnet werden, um Wärme und Tageslicht effizient zu nutzen. Automatisierte intelligente Fenster sorgen für effektive Lüftung. Dachbegrünung und dezentrale Energieversorgung und -speicherung sind wichtige Themen.

In den USA werden mittlerweile noch ehrgeizigere Ziele verfolgt: null Energie, null Wasser und null Müll.

Vereinzelt gibt es sogar schon PLUSENERGIEHÄUSER, dort wird dann sogar mehr Energie erzeugt als verbraucht wird, es entsteht eine positive Energiebilanz.

››› RICHTIG HEIZEN, DÄMMEN UND LÜFTEN

Wie bei so vielen bereits angesprochenen Themen im Buch heißt es auch bei der Heizung: Schauen Sie mal, ob es nicht sinnvoller ist, aus Alt Neu zu machen?!

Viel zu viele Heizungen in deutschen Haushalten sind veraltet, über die Hälfte der Heizungen in Deutschland wurden vor 1997 installiert. Sie fressen Strom ohne Ende, sie sind ineffizient und verbrauchen inklusive Warmwasserbereitung etwa 85 % des Energiebedarfs in unseren Haushalten. Das verursacht ein tiefes Loch in Ihrem Geldbeutel und natürlich ist es auch nicht gut für die Umwelt. Im Klimaschutzpaket wurde nun beschlossen, dass Ölheizungen ab 2026 nur noch in Kombination mit erneuerbaren Energien genutzt werden dürfen.

Aber wie können Sie Ihre Heizung optimieren? Dabei kommt es natürlich darauf an, was Sie jetzt haben und wie zufrieden Sie damit sind. Sie könnten zum Beispiel Ihre alte Öl- oder Gasheizung in einen modernen Öl- oder Gas-Brennwertkessel umwandeln. Dabei wird die versteckte Wärme des Wasserdampfs der Abgase genutzt und entweicht nicht einfach nur durch den Schornstein. Dadurch wird das Heizen deutlich sparsamer und der Neukauf rechnet sich schon nach etwa sieben bis zehn Jahren. Die neuen Kessel schonen zudem das Klima, denn sie produzieren deutlich weniger Treibhausgase.

Noch besser wäre es natürlich, wenn gar keine Treibhausgase mehr entstehen. Das würde mit einer Umstellung auf erneuerbare Energien funktionieren. Das könnte zum Beispiel ein BIOMASSEKESSEL, EINE WÄRMEPUMPE oder eine SOLARTHERMIE-ANLAGE sein. Zudem würden Sie sich dadurch unabhängig von Öl und Gas und deren Preissteigerung machen.

Dabei müssen viele von Ihnen auch nicht gleich die alte Heizung komplett rausreißen und etwas Neues kaufen. Manchmal verbessert ein HYDRAULISCHER ABGLEICH durch einen Fachmann die Effizienz. Der stellt dann die Heizung so ein, dass jeder Heizkörper so viel Wärme erhält, dass die gewünschte Raumtemperatur erreicht wird. Außerdem hilft regelmäßiges Entlüften.

Oder Sie bauen eine hocheffiziente UMWÄLZPUMPE ein. Der Austausch rechnet sich schon nach zwei bis drei Jahren, denn sie spart sofort Strom. Auch das Dämmen von offenliegenden Heizungs- und Wasserrohren bringt eine Menge, denn damit vermeidet man unnötigen Wärmeverlust.

Wenn Sie ein Haus neu bauen oder Ihr Haus oder eine Wohnung sanieren und sich für eine energieeffiziente Heizungsanlage entscheiden, können Sie auf Förderung der BMWI setzen, das ist das BUNDESMINISTERIUM FÜR WIRTSCHAFT UND ENERGIE. Auch ein zinsgünstiger KFW-KREDIT ist beim Einbau moderner Heizungsanlagen möglich.

Haben Sie schon mal etwas von einer BRENNSTOFFZELLEN-HEIZUNG gehört? Eigentlich kennt man das nur von Autos, aber auch im Heizungsbereich ist das Prinzip anwendbar, wenn auch noch recht frisch. Aber auch für dieses moderne, innovative neue Verfahren gibt es Zuschüsse vom Staat.

Bei Brennstoffzellen-Heizungen wird Erd- oder Biogas elektrochemisch direkt in Strom umgewandelt. Die Wärme, die dabei entsteht, wird auf direktem Wege zum Heizen und für die Warmwasserbereitung genutzt. Die Brennstoffzellen-Technologie ist zwar noch recht teuer, aber der Staat versucht diese tatkräftig zu unterstützen, da es zukunftsweisend sein soll.

Es gibt aber auch die regenerativen Heizmöglichkeiten wie die SOLARTHERMIE. Das Prinzip habe ich bereits im Kapitel über die

Solaranlagen auf dem Dach erklärt, aber hier nochmal eine kurze Zusammenfassung: Eine Solarthermie-Anlage besteht aus Kollektoren auf dem Dach (wenn möglich nach Süden ausgerichtet), einem Speicher sowie einen Rohrnetz mit Pumpe und verschiedenen Armaturen. Das ganze System ist in sich geschlossen und meist mit einer speziellen Solarflüssigkeit gefüllt. Die Sonne scheint auf die Kollektoren, dadurch erwärmt sich ein spezieller Absorber. Dieser gibt die thermische Energie an die zirkulierende Solarflüssigkeit ab, die dann zum Speicher transportiert wird. Dieser Speicher ist ein großer Behälter, der mit Wasser gefüllt ist und hauptsächlich für die Raumheizung, aber auch für die Warmwasserbereitung genutzt werden kann. Wie wirtschaftlich ist das nun genau, wollen Sie sicher wissen? Naja, die Investition ist nicht ganz ohne mit etwa 8000 € für ein Einfamilienhaus. Aber vom Staat gibt es gute Fördermittel, nach etwa 15 bis 20 Jahren rentiert sich das Ganze. Dies ist abhängig vom Haus und der Sonneneinstrahlung in der Region und von Fall zu Fall verschieden. Auf alle Fälle ist es aus ökologischer Sicht sehr sinnvoll, vom wirtschaftlichen Aspekt wird es auf längere Sicht interessant.

Schauen wir uns nun die WÄRMEPUMPE etwas genauer an:

Wärmepumpen sind technisch recht kompliziert, das Wirkungsprinzip entspricht dem eines Kühlschranks. Die in der Umwelt gespeicherte thermische Energie wird genutzt, um unser wohliges Heim zu heizen. Als Quellen können dabei die Luft oder das Erdreich genommen werden. Am einfachsten geht das Ansaugen und Ausblasen von Luft. Dabei holt eine Vorrichtung die Außenluft ins Haus, über Kanäle wird sie dann zur Wärmepumpe geleitet. Ein Problem gibt es allerdings in kalten Wintern, wenn es draußen unter 0 Grad gibt, da müssen die Wärmeübertrager frostfrei gehalten werden und das vermindert die Effizienz der Heizungsanlage. Und genau dann, wenn es draußen frostig ist, brauchen wir ja die Wärme im Haus.

Die deutlich effizientere Variante ist, die thermische Energie aus dem Erdreich zu nutzen. Im Erdinneren lodert es ordentlich, warum nicht diese kostenlose Wärmequelle nutzen. Man vermutet im Erdkern herrschen Temperaturen von etwa 6000 Grad. Je weiter man an die Erdkruste kommt, desto kühler wird es natürlich.

Aus geologischer Sicht ist jedes Grundstück zur Erdwärmenutzung geeignet. Jedoch müssen wirtschaftliche, rechtliche und technische Aspekte abgewogen werden. Eine Erdwärmenutzung muss bei der Wasserbehörde angezeigt werden. Wenn man tiefer als 100 Meter bohrt, muss man das Berg- und Lagerstättenrecht beachten.

Wenn man sich der thermischen Energie aus dem Erdreich bedient, nimmt man eine SOLE-WASSER-WÄRMEPUMPE. Damit sind Bohrungen bis in etwa 100 Meter ideal, aber genehmigungspflichtig und nicht überall möglich. Kunststoffrohre, die ein Wasser-Frostschutzmittel-Gemisch enthalten, bringen die Erdwärme ins Haus. Der Aufwand ist höher als bei der Energiequelle Luft, aber die Effizienz auch.

In einigen Regionen sind sogar viel niedrigere Bohrungen nötig, etwa 1,50 Meter Tiefe reichen. Dann funktioniert die Wärmepumpe eigentlich wie eine riesige Fußbodenheizung unter dem Haus.

Da es natürlich in diesen flachen Tiefen nicht mehr so viel Wärme gibt, braucht man deutlich größere Flächen, wo Röhren verlegt werden, die die thermische Energie aufnehmen und an die Wärmepumpe abgeben.

Eine Nische bilden die GRUNDWASSERWÄRMEPUMPEN, das liegt daran, dass die Installation nicht überall möglich ist. Wenn, dann sind sie aber ein wahres Effizienzwunder. Man schachtet dafür zwei breite Brunnen aus, einen SAUG- und einen SICKERBRUNNEN. Dadurch wird ein ständiger Kreislauf gewährleistet. Jetzt denken Sie sich sicher, Grundwasser hat doch nicht mehr als 10 Grad, wie soll man damit eine Heizung betreiben oder Warmwasser gewinnen? Da haben Sie recht, deshalb gibt es bei dieser WASSER-WASSER-WÄRMEPUMPE einen Kompressor, der unter Druck das angesaugte Wasser verdichtet und auf ein höheres Temperaturniveau pumpt. 40 bis 60 Grad können dadurch erreicht werden und das reicht zum Hausheizen und ist ideal für eine Fußbodenheizung.

Insgesamt werden mit etwa 28 % mittlerweile fast genauso viel Wärmepumpen im Wohnungs- beziehungsweise Hausneubau in Deutschland (Stand 2018) eingebaut, wie Fernwärme genutzt wird, Tendenz steigend. Eine sehr gesunde Entwicklung für die Branche und unser Klima.

Nun schauen wir uns mal den BIOMASSEKESSEL an, das sind Heizungsanlagen, die mit regenerativen und biologischen Brennstoffen betrieben werden. Das kann zum Beispiel Holz sein, aber auch organische Bioabfallprodukte wie Pferdemist, Kuhdung, Erntereste und Holzabfall können als Grundlage genommen werden. Stroh, energiereiches Getreide wie Gerste, Weizen oder Roggen, Gräser oder Schilf sind weitere feste pflanzliche Stoffe, die beim Verbrennen in Wärme umgewandelt werden können. Zum anderen gibt es Biomasse in flüssiger Form, wie Gülle oder Rapsöl, die man als Grundlage für Biomassekessel nutzen kann. Für den Privatgebrauch wird aber meist Holz verwendet, diese Heizquelle nennt man dann PELLETHEIZUNGEN.

Sie sind etwas umstritten, da man als Energiezufuhr gepresstes Holz verwendet. Das hat den Vorteil, dass es ein nachwachsender und CO_2-neutraler Rohstoff ist. Die Menge an Kohlendioxid, die bei der Verbrennung freigesetzt wird, entspricht genau der Menge CO_2, die beim Wachstum des Holzes in dieses eingebunden wurde. Aber dabei ist nicht miteinberechnet, dass Bäume eine ganze Weile zum Wachsen brauchen und Holz schnell verbrennt, so ganz neutral ist es also doch nicht. Aber immerhin kann für Pellets Holz verwendet werden, was aus den Wäldern wegen Borkenkäfer-Befalls oder Sturmschäden heraus muss und sowieso nicht anders genutzt werden kann. Aber es gibt auch Nachteile, zum einen brauchen wir unsere Wälder als CO_2-Speicher, zum anderen werden für Pellets schnell wachsende Monokulturen angebaut, die den Böden nicht gut tun und beim Verbrennen gelangen jede Menge Feinstaub und Giftstoffe in die Atmosphäre. Es ist also ein zweischneidiges Schwert und Tatsache, dass nicht ganz Deutschland auf Pelletöfen setzen kann, so viel Holz haben wir gar nicht. Aber es ist eine sehr effiziente Heizungsanlage, die nachwachsende Rohstoffe als Quelle hat.

Aber kommen wir erstmal dazu wie so ein PELLETOFEN funktioniert: Dabei muss man den Ofen und die Heizanlage unterscheiden. In einen Raum kann man einen Pelletofen stellen. Er wird befeuert und erwärmt nur den einen Raum, in dem er steht, quasi wie ein Kamin.

Dann gibt es noch die Pelletheizung, die als komplette Heizungsanlage für das Haus oder die Wohnung genutzt werden kann. Dabei verbrennen im Pelletkessel die Pellets, das sind kleine Presslinge aus Holzmehl oder Holzspan. Über den Wärmetauscher wird die Wärme in Rohrsysteme geleitet, die mit Heizwasser gefüllt werden. In den jeweiligen Räumen stehen dann ganz normal wie bei der Fernheizung auch Heizkörper, die an die Heizungsrohre angeschlossen sind und die Wärme abgeben. Im Vergleich zu einer Ölheizung braucht man bei Pellets das dreifache Lagervolumen, dessen muss man sich bewusst sein. Die Befüllung des Pelletkessels erfolgt dann aber heutzutage automatisch, da müssen Sie nicht mit der Schippe stehen und den Kessel selbst füllen.

Der Wirkungsgrad dieser Heizungen ist vergleichbar mit Öl- und Gasheizungen und liegt bei etwa 90 %.

Die Wärme, die diese Kohleöfen, Kachelöfen oder auch Kamine produzieren ist toll, aber was da aus dem Schornstein kommt, weniger. Das schadet unserer Gesundheit, denn Unmengen Feinstaub und schädliches Schwefeldioxid werden da produziert und gelangen in die Atmosphäre, zudem steigt die Ozonbelastung. Das alles macht uns krank. Es entsteht deutlich mehr Feinstaub als bei Öl- und Gasheizungen. Erinnern Sie sich, wie vor Jahrzehnten im Winter, als fast jeder noch einen Kohleofen zu Hause hatte, bei Inversionswetterlagen die Smogwolken über den Städten lagen? Unsere Kamine heutzutage machen nichts anderes.

Der Rauch, der da aus dem Schornstein kommt, besteht aus ultrafeinen Staubpartikeln, die in unseren Körper gelangen und vor allem bei Kindern und älteren Menschen Krankheiten verursachen: Asthma, Diabetes, ein geschwächtes Herz-Kreislauf-System, Demenz bei Älteren und ein geringer IQ bei Jugendlichen konnten in Studien als Folge der Feinstaubbelastung nachgewiesen werden.

Moderne Pelletheizungen sind zwar deutlich besser gefiltert als offene Kamine und Kachelöfen, dennoch warnt die Europäische Umweltagentur vor vermehrter Verbrennung von Holz und Biomasse in privaten Haushalten. Die Luftqualität verschlechtert sich deutlich, das kann durch Messwerte, zum Beispiel in Einfamilienhaussiedlungen im Winter bei Inversionswetterlagen, nachgewiesen werden. Dabei ist wahrscheinlich den wenigsten bewusst, dass durch diese Heizmethode, vor allem bei offenen Kaminen in fast jedem neugebauten Haus mindestens genauso viel Feinstaub in die Atmosphäre gelangt, wie durch unsere Dieselautos, das hat das Bundesumweltamt nachweisen können. Eine Studie aus Zürich ergab sogar, dass, wenn feuchtes Holz im Kamin verbrannt wird und die Luftzufuhr geschlossen wird, die Schadstofffracht um ein

Vielfaches ansteigt. Das Brenngut verbrennt dann nicht vollständig, und das Feuer schwelt ohne Luft vor sich hin. Der rußartige Holzstaub, der dann entsteht, ist etwa zehnmal schädlicher für den menschlichen Körper als Dieselruß.

Da kann man sich schon wundern, warum es in der Politik dauerhaft um das Thema Dieselabgase geht und an den Feinstaub vor allem durch Kachelöfen und Kamine gar nicht gedacht wird.

Klar, muss bei den Autos etwas passieren, aber auch beim Thema Heizungen und Holzverbrennung.

Das Bundesumweltamt rät Kamine nur mit trockenem, unbehandeltem Holz zu füllen und die Luftzufuhr nie ganz zu schließen. Schädlicher Feinstaub kann außerdem vermieden werden, wenn man die Holzscheite von oben ansteckt, das garantiert einem sauberen Abbrand. Gewöhnlich zünden die meisten Kaminofenbesitzer das Brenngut von unten an. Aber bis das Feuer sich nach oben gefressen hat, brennt es nicht vollständig, da es nicht genug Sauerstoff bekommt. Generell ist sichtbarer, grauer Rauch ein sicheres Zeichen für schmutzige Verbrennung.

Wer schmutzig heizt, schadet nicht nur seinen Nachbarn, sondern auch sich selbst. Sobald die Ofentür geöffnet wird, entweicht ein Teil des giftigen Rauchs ins Haus oder die Wohnung und macht uns krank. Vor allem im Winter bei Hochdruckwetterlagen, wenn die Temperatur mit der Höhe nicht abnimmt, sondern zunimmt, hält sich die dreckige, ungesunde Luft wie eine Käseglocke über den Siedlungen und beschert allen Bürgern eine schlechte, ungesunde Winterluft. Die Züricher Forscher raten bei dieser Witterung auf das gemütliche Kaminfeuer ganz zu verzichten. Zudem kann man seinen Kamin mit modernen Aufsätzen bestücken, die einen Teil des Feinstaubs herausfiltern. Insgesamt heißt es jetzt nicht, dass Sie nie mehr das Knistern Ihres Kaminfeuers oder die wohlige Wärme Ihres Kachelofens ohne schlechtes Gewissen genießen können, aber Sie sollten auf alle Fälle auf einen sauberen Betrieb achten.

Kommen wir wieder zu sinnvollen, energieeffizienten Heizmethoden.

Dort gibt es eine recht neue, aber effiziente Wärmequelle, sogenannte KAPILLARROHRMATTEN. Sie ähneln vom Prinzip altbekannten Fußbodenheizungen, haben aber den Vorteil, dass sie mit geringen Vorlauftemperaturen auskommen. Dabei funktionieren sie ähnlich wie unser menschlicher Körper, wo feine Blutgefäße in der Haut für eine gleichmäßige, wirkungsvolle Wärmeregulierung sorgen. Das Kapillarrohrsystem der Matten besteht aus flexiblem Kunststoff, dabei sind die dünnen Rohre nah zueinander angeordnet und können an Wänden, in Böden und Decken installiert werden.

Neben modernen sauberen Heizungsanlagen ist auch die DÄMMUNG des Hauses sehr wichtig. Durch richtige Fassadendämmung können enorm viel Energie und Heizkosten und damit bares Geld gespart werden. Mit einer guten Wärmedämmung betreibt man damit aktiven Klimaschutz, deshalb wird auch das vom Staat gefördert.

Holen Sie sich am besten einen zertifizierten Experten des DEUTSCHEN ENERGIEBERATER-NETZWERKS (DEN) ins Haus und lassen Sie sich professionell beraten. Wichtig ist dabei, wann Ihr Haus gebaut wurde, das ist die Grundlage zur Sanierung. Unterschieden wird in Innen- und Außendämmung oder beispielsweise Kern- und Einblasdämmung. Im Bereich Dämmung ist nämlich noch viel möglich, bisher ist da in Deutschland noch nicht viel passiert. Die Sanierungsquote muss dringend erhöht werden, um die Klimaziele erreichen zu können. Diese fordern, die CO_2-Emissionen bis 2050 um mindestens 80 % im Gegensatz zu 1990 zu senken. Der Hauptgrund liegt dabei im Moment darin, dass einfach zu wenig Gebäude mit schlechter Energiebilanz saniert und modernisiert werden.

Mittlerweile gibt es moderne, sehr gut dämmende neue Materialien wie zum Beispiel KLEMMFILZE, die man zum Dämmen des Daches nutzen kann. Das ist besonders wichtig, denn hier geht in älteren Gebäuden viel Energie verloren. Eine gute Dachdämmung lässt übrigens auch im Sommer nicht so viel Wärme herein und bei viel Wind und Sturm ist es nicht mehr so zugig in den Wohnräumen. Neben Dämmstoffen auf fossiler Basis, wie Polyurethan und mineralischen Dämmstoffen wie Steinwolle, werden mittlerweile eine ganze Reihe ökologischer Stoffe angeboten. Dazu zählen Holzfasern, Stroh, Hanf oder Wolle.

Insgesamt spart man nicht nur Heizkosten und trägt zur Energiewende bei, sondern sorgt auch für ein besseres Raumklima und ein wohligeres Gefühl zu Hause. Und wie so oft, muss man zwar erstmal investieren, aber über längere Zeit rentiert es sich auf alle Fälle. Dabei sollte man wirklich einen Fachmann fragen, der mithilfe von Wärmebildkameras die Schwachstellen der Dämmung in Ihrem Zuhause erkennt. Gestückelt sanieren, birgt dabei Gefahren: Wer neue Fenster einbaut, sich aber erst Jahre später um die Fassade kümmert, riskiert Schimmel, denn durch moderne Fenster verlegt man die kältesten Stellen in die Zimmerecken.

Altbauten haben vor allem in der Außenfassade ihren wunden Punkt, hier verlieren sie zum Teil 40 % der Wärme. Recht preisgünstig sind da Dämmplatten aus Polyurethan, die als mehrschichtiges Dämmsystem angebracht werden. Bei alten Häusern, die unter Denkmalschutz stehen, geht das leider nicht, da muss eine Innendämmung her.

Auch über ungedämmte Kellerräume sollte nachgedacht werden, hier geht unnötig viel Wärmeenergie verloren. Einige Dämmmaßnahmen sind mittlerweile vom Gesetzgeber sogar vorgegeben. Es sei denn Sie besitzen Ihr Ein- oder Zweifamilienhaus schon länger als 2002. Ansonsten muss bei Hauskauf oder -bau ordentlich gedämmt beziehungsweise nachgedämmt werden. Dabei schreibt die Bundesregierung in der Energieeinsparungsvereinbarung bestimmte energetische Mindeststandards für Gebäude vor.

Neben der richtigen Heizung und einer guten Dämmung kann auch beim Lüften eine Menge falsch gemacht werden – Sie heizen für den Vorgarten. Vor allem in der kalten Jahreszeit sollte man so einiges beachten. In den Schlafräumen bringt ein angekipptes oder geöffnetes Fenster den größten Luftaustausch. Das bedeutet natürlich auch Heizung aus und das ist besonders bei Minusgraden nicht jedermanns Sache. Da empfehle ich mindestens morgens und abends intensives Stoßlüften. Das bedeutet kurzzeitig richtig Durchzug machen, also auch die Innentüren öffnen. Auch im Wohnzimmer ist ein regelmäßiges Lüften wichtig, vor allem wenn Sie viele Grünpflanzen besitzen, die Feuchtigkeit muss aus den Räumen. In Küche und Bad kann in kurzer Zeit viel Feuchtigkeit anfallen, hier sollte unmittelbar nach dem Kochen, Duschen oder Baden intensiv gelüftet werden, sonst bildet sich ungesunder, gefährlicher Schimmel. Wegen der hohen Luftfeuchtigkeit sollten zudem die Türen geschlossen werden.

>>> DAS AUTO STEHEN LASSEN – NAHVERKEHR NUTZEN, FAHRGEMEINSCHAFTEN BILDEN UND ZU FUSS GEHEN

Früher waren Städte fußgängerfreundlich, das sieht heutzutage ganz anders aus. Schon Radfahrer haben es in vielen Städten schwer. Autos dominieren unsere Städte, aber das muss nicht so bleiben. Eigentlich sind wir Menschen Fußgänger und sollten auch für uns selbst, unser Wohlbefinden und unserer Gesundheit zuliebe viel mehr gehen. Natürlich ist das in unserer heutigen so schnelllebigen Welt nicht leicht: Es dauert einfach länger eine Strecke zu gehen, als schnell mal ins Auto zu springen und von A nach B zu kommen. Wenn man sich allerdings im Berufsverkehr durch völlig überfüllte Straßen quält und nicht einmal im Schritttempo vorankommt, wird die Überlegung des Gehens wieder interessant und attraktiv. Aber das muss sicher, angenehm und attraktiv sein. Städte, vor allem Innenstädte müssen so konzipiert werden, dass man zu Fuß schneller sein kann, Zeit spart und Freude am Gehen bekommt. Wohnungen, Cafés, Parks, Geschäfte und Büros müssen so nah beieinander liegen, dass das Zufußgehen sinnvoll wird. Fußwege müssen gut beleuchtet sein, Bäume sorgen für Schatten und ein gutes Klima. In Kombination mit dem Ausbau des öffentlichen Nahverkehrs kann man vor allem die Innenstädte nachhaltig verändern. In großen Städten kann man die Fußgänger-Infrastruktur in jeweilige Viertel gliedern. Das Stadtklima würde sich durch weniger Beton und mehr Grünanlagen verbessern. Die Belebtheit der Citys wird durch kleinere Läden und lokale Unternehmen wieder vorangetrieben. Die Planung unserer Städte sollte wieder weg gehen von großen Malls und dem Internetbestellwahn, hin zu öffentlichem gemeinsamen Leben, das würde auch eine Müllreduzierung bedeuten. Weniger Autoverkehr bedeutet weniger Luftverschmutzung, weniger Verkehrsunfälle und Staus. Wenn laufen wieder zur Normalität und nicht zur Ausnahme wird, wirkt sich das positiv auf unsere Gesundheit und unser Wohlbefinden aus. Probleme wie Übergewicht, Herzerkrankungen und Diabetes werden verringert.

Insgesamt bieten fußgängerfreundliche Städte mehr Lebensqualität. BARCELONA ist mit seinen SUPERILLAS ein Vorreiter. Verkehrsschilder mit Tempo 30, wenig später ist sogar Schrittgeschwindigkeit vorgeschrieben, breite Blumenkübel, auf die Straße gepinselte Hüpfspiele lassen im Quartier des ehemaligen Industrieviertels Poblenou so einige Autofahrer fluchen. Hier testet Barcelona ein neues Verkehrskonzept, was zukunftsweisend werden soll. Namhafte Architekten experimentieren hier mit modernen, nachhaltigen städtebaulichen Konzepten und schauen, was sinnvoll ist und was nicht. Eine fußgängerfreundliche Metropole ist das Ziel, wo der Durchgangsverkehr lediglich über einige Trassen führt. Die Umsetzung ist nicht leicht und viele Autofahrer schimpfen, da die benachbarten Stadtteile so nun mehr Verkehr abbekommen, aber es ist auch hier wieder ein Schritt in die richtige Richtung.

Neben dem Zufußgehen könnte das Fahrrad auch wieder eine größere Rolle als Fortbewegungsmittel in Städten bekommen. Dieser Trend ist zum Glück in den letzten Jahren schon zu sehen, aber die Unterstützung der Städte könnte noch größer werden. Teils ist es lebensgefährlich, sich auf zwei Rädern in einigen Städten fortzubewegen. Ein gut ausgebautes Radwegenetz ist leider außer in Städten wie Amsterdam, Barcelona oder Münster noch eine Ausnahme. Dabei ist man mit dem Rad in vielen Citys schneller unterwegs als mit dem Auto, zudem ist dieses Fortbewegungsmittel emissionsfrei und gesund. Es bedarf aber einer guten Planung, sodass Radfahren in Städten sicher und attraktiv wird. Es muss genug Abstellmöglichkeiten geben, Radwege müssen gut beleuchtet und sicher sein. Es muss eine gute Anbindung zum öffentlichen Nahverkehr geben und die Möglichkeit der Mitnahme von Rädern muss gesichert sein. Arbeitgeber müssen Duschen und Fahrradständer bereitstellen. Die Niederlande und Dänemark sind gute Vorbilder. Wussten Sie, dass es in AMSTERDAM viermal mehr Fahrräder als Autos gibt? In KOPENHAGEN wurde das Ampelsystem für Radfahrer so eingestellt, dass man auch hier eine »grüne Welle« hat und nur selten anhalten und bremsen muss. Es ist nachgewiesen, dass eine bessere Fahrrad-Infrastruktur sofort mehr Menschen zum Radfahren animiert. Bewegung an der frischen Luft tut uns allen gut. Klar geht das in Deutschland nicht jeden Tag wegen des Wetters und auch nicht in allen Städten wegen großer Höhenunterschiede. Aber wenn Stadtplanungen das Fahrradfahren und Zufußgehen mehr in den Fokus nehmen und hier mehr Geld investiert wird als ins Straßennetz für Autos, ist eine Menge getan.

An verregneten oder bitterkalten Tagen muss man nicht das Rad nehmen oder zu Fuß gehen, nutzen Sie den Nahverkehr und die Bahn. Ja, auch das ist in manchen Regionen leichter gesagt als getan. Auch da muss in der Politik, in den Bundesländern und Kommunen noch viel passieren – der öffentliche Nahverkehr sollte viel mehr Bedeutung bekommen, es muss eine VERKEHRSWENDE geben. Nicht nur die LKWs müssen von der Straße und mehr auf die Schiene, auch der Personennahverkehr braucht eine Reform. Das öffentliche Nahverkehrsnetz sollte so ausgebaut werden, dass wir damit schneller als mit dem Auto und jederzeit zuverlässig von A nach B kommen und uns mit und in ihm wohlfühlen. Auch ländliche Regionen müssten die Chance auf Nutzung von Bus und Bahn bekommen, ohne dass Sie dort drei Stunden unterwegs sind.

Wenn Sie schon das Auto nehmen, dann bilden Sie FAHRGEMEINSCHAFTEN, das ist vor allem für regelmäßige Berufspendler sinnvoll. Über 60 % der täglichen Wege von und zur Arbeitsstelle werden laut Statistischem Bundesamt mit dem Pkw zurückgelegt. Gerade die täglich wiederkehrenden Arbeitswege ließen sich mit ein paar Absprachen recht einfach als Fahrgemeinschaften gestalten. Das spart Geld, reduziert den Verkehr, vor allem den Berufsverkehr, erleichtert die Parkplatzsuche in den Innenstädten und produziert damit weniger Emissionen. Studien haben auch gezeigt, dass Menschen, die in Fahrgemeinschaften zur Arbeit kommen, entspannter, weniger gereizt und gestresst sind, zudem seltener krank werden. Durch die Smartphones wird Kommunikation heutzutage deutlich leichter gemacht als früher und man kann sich schneller und spontaner verabreden.

In den USA gibt es seit Anfang der 1980er Jahre die sogenannte HOV lane (High-occupancy vehicle lane, übersetzt: Fahrbahn für stark belegte Fahrzeuge). Vor allem im Berufsverkehr ist man auf diesen Spuren schneller unterwegs, sie sind weniger befahren, so kommt man hier deutlich zügiger voran. In Europa ist man da bisher recht zögerlich. In den Niederlanden, Norwegen, Großbritannien und Spanien wurden versuchsweise Fahrgemeinschaftsspuren eingeführt. In Spanien braucht man an Mautstellen zum Teil nicht anstehen und zahlt weniger, wenn man mehr als drei Personen im Auto hat – hierfür gibt es eine Extraspur. In Innenstädten könnte möglicherweise die Busspur für solche Zwecke mitgenutzt werden und so ein Anreiz zum Gemeinschaftsfahren gegeben werden.

Eine andere gute Sache, die es schon recht lang gibt – ich bin schon als Studentin damit kostengünstig unterwegs gewesen – sind MITFAHRZENTRALEN. Sie gibt es mittlerweile in fast allen Großstädten; Onlineplattformen machen es einem heutzutage leicht, Fahrgemeinschaften zu organisieren. Auch für längere Strecken in andere Regionen Deutschlands oder sogar Europas kann man so günstig und umweltfreundlich unterwegs sein.

Zudem schneiden Fernbusse wie der FLIXBUS in der Schadstoffbilanz sehr gut ab. Mithilfe von Daten des Bundesumweltamts und Umfrageergebnissen des IGES-Instituts stellte sich Ende 2017 heraus, dass Fernbusse innerhalb Deutschlands sehr umweltfreundlich sind und die beste Schadstoffbilanz gegenüber ihren Konkurrenten Bahn, Auto und Flugzeug aufweisen. Die Busse müssen natürlich die EURO6-NORM erfüllen, auf dem neuesten Standard und stark ausgelastet sein, dann sind aber die Kohlendioxid-Emissionen pro Personenkilometer sehr gering.

Neue, moderne Fahrdienste wie MOIA in Hamburg könnten in Zukunft normal werden. Elektrobetriebene Kleinbusse nehmen nicht nur einen Fahrgast mit, sondern sammeln unterwegs weitere Mitfahrer ein. Damit wird »Taxifahren« günstiger. Bestellen und bezahlen geht bei diesem Fahrdienst bequem über eine App auf dem Smartphone. Im Auto selbst kann man sein Handy aufladen. Das Mitnehmen von Kinderwagen und Rollstühlen ist kein Problem. Es geht nicht ganz so schnell wie bei einem Taxi, aber es ist deutlich geldsparender und trotzdem meistens zeitsparender und flexibler als der Bus oder die S-Bahn. Dieser Sammel-

Shuttle-Dienst mit umweltfreundlichem Antrieb könnte eine gute, ernsthafte Mischung und Alternative von öffentlichen Nahverkehr und Taxi werden. Auch wenn MOIA von VW zu Testzwecken mitfinanziert wird, ist es auch ohne Sponsor sinnvoller und umweltfreundlicher.

Außerdem trägt natürlich CARSHARING zum Klimaschutz bei. In fast allen Großstädten kann man sich Autos teilen. Sie können individuell mobil sein, tun aber dennoch etwas für den Klimaschutz. Mittlerweile sind diese Autos meist nicht so hoch motorisiert, teils auch schon als E-Autos zu finden. Sie reduzieren enorm den Autoverkehr und das Parkplatzproblem in Innenstädten. Man meldet sich einmal an und kann dann mit einer PIN, die ans Handy geschickt wird, ein Auto in seiner Nähe benutzen. Das Praktische ist, Sie können es quasi überall wieder abstellen, wenn Sie im Geschäftsbereich des Anbieters bleiben und sind somit wirklich mobil und schnell unterwegs. Wussten Sie, dass es CarSharing in Deutschland schon seit 1988 gibt? 2019 gab es 181 CarSharing-Anbieter und 2,5 Millionen Deutsche nutzen es. Jedes CarSharing-Fahrzeug ersetzt im Schnitt vier bis acht Privat-PKWs, diese Zahl und die Entwicklung kann sich doch sehen lassen. Ein Weg in die richtige Richtung.

Das gleiche Prinzip gilt auch für Fahrräder beim sogenannten BIKESHARING. Asien war dabei Vorreiter: In Tokio, einer Stadt mit 21,5 Millionen Einwohnern, gab es 2018 2,3 Millionen Leihräder.

Neben allen genannten Möglichkeiten würde natürlich ein allgemeines TEMPOLIMIT auf deutschen Autobahnen eine Menge zum Klimaschutz beitragen. Es würde nicht mehr so gerast werden, was sehr viel Sprit und damit Emissionen mit sich bringt. Die Unfall- und auch Staugefahr würde sich reduzieren. Sie würden entspannter, stressfreier ankommen und viel länger würde es letztendlich nicht dauern. Aber sowohl die Automobil-Lobby, als auch die Bundesregierung gehen dieses Thema seit Jahren nicht an. Laut einer forsa-Umfrage 2018 sprachen sich über 50 % der Deutschen für ein Tempolimit von 130 km/h auf unseren Autobahnen aus. Deutschland ist das EINZIGE Industrieland der Welt ohne durchgängiges Tempolimit auf den Autobahnen.

Und die DIESELFAHRVERBOTE in Innenstädten, die seit Februar 2018 erlaubt sind, bringen außer Frust und Verunsicherung in der

Bevölkerung nicht wirklich etwas. Dadurch wird ja nicht weniger Auto gefahren. Zwar sinken die Messwerte von Schadstoffen auf den gesperrten Straßen, aber auf den Ausweichstrecken entstehen so HÖHERE FEINSTAUB- UND STICKOXIDWERTE. Zudem fahren dadurch viele Menschen einen Umweg und insgesamt mehr Auto, was eher zu erhöhten Schadstoffwerten führt. So werden nicht wirklich Emissionen eingespart. Eine nachhaltige Lösung, die ökologisch, ökonomisch und sozial ist, sieht anders aus. Die Luftverschmutzung durch Kamine, Holzöfen und Kreuzfahrtschiffe – gerade in Hafenstädten – ist vielerorts um einiges höher aufgrund fehlender Verbote. Und leider trifft es häufig wieder mal die Geringverdiener, die noch ihren alten Diesel fahren und sich keinen Neuen leisten können. Sinnvoller, gerechter Klimaschutz sieht anders aus.

EIN ALLGEMEINES TEMPOLIMIT AUF DEUTSCHEN AUTOBAHNEN WÜRDE EINE MENGE ZUM KLIMASCHUTZ BEITRAGEN. ES WÜRDE NICHT MEHR SO VIEL GERAST WERDEN, WAS SEHR VIEL SPRIT UND DAMIT EMISSIONEN MIT SICH BRINGT.

>>> MOBILITÄT – WELCHE NEUEN TECHNOLOGIEN MACHEN BEIM AUTO SINN?

Beim Thema Mobilität scheiden sich die Geister. Das ist ein wirklich wichtiges, aber auch sehr kompliziertes Thema. Die Möglichkeiten sind vielfältig: Wasserstoffautos oder E-Auto, die Brennstoffzellen als Antrieb oder der Hybrid, Erdgas? Es gibt viele verschiedene Ansätze und keiner ist bisher wirklich so perfekt, dass wir gezielt nur darauf setzen können.

Das ist allgemein das »Problem« beim Klimaschutz: Auch bei der Energiewende gibt es nicht »die Lösung«, sondern die Mischung bzw. Bündelung der Angebote macht den Unterschied.

Der derzeitige Stand ist so, dass der Erdgasantrieb nach einer Studie des ADAC derzeit am wenigsten klimaschädlich ist – wenn man den aktuell gültigen Strommix als Grundlage betrachtet und alle energierelevanten Aufwendungen über den Lebenszeitraum eines Autos zusammenrechnet. Das ist sehr wichtig, denn ein Auto muss erst hergestellt und irgendwann auch wieder verschrottet werden, das kostet alles Energie. Es geht also nicht allein um den Ausstoß von Treibhausgasen aus dem Auspuff. Wenn man das alles miteinberechnet, kommen verglichen mit Benzin-, Diesel- oder Elektroautos erdgasbetriebene Fahrzeuge derzeit am besten weg. Erst ein E-Auto mit 100 % regenerativem Stromantrieb hätte eine bessere Klimabilanz. Im Moment werden bei der Produktion und Entsorgung der Batterien von E-Autos viele Treibhausgase freigesetzt. Schlusslicht bei der Studie war das benzinbetriebene Auto. Dabei ist es wirklich wichtig, auch den Ausstoß von Treibhausgasen zu betrachten, die bei der HERSTELLUNG und beim RECYCLING des Autos anfallen. Außerdem müssen die Emissionen berücksichtigt werden, die bei der Produktion, der Bereitstellung und beim Verbrauch des Antriebsstoffes frei werden.

››› DAS ERDGASAUTO

Aber wie funktioniert ein ERDGASAUTO? Eigentlich unterscheiden sie sich kaum von Benzinern. In einem klassischen Ottomotor gibt es Zylinder, die im Viertakt-Prinzip arbeiten. Das heißt, theoretisch kann man auch Benzin in ein Erdgasauto geben und das Auto würde fahren. Das hat den charmanten Vorteil, dass Benzinautos recht leicht umgerüstet werden können, auf sauberen, wirtschaftlicheren CNG-ANTRIEB. Die Ventile müssen bei manchen Modellen abgeändert oder verstärkt werden sowie die Motorsteuerung, das kostet je nach Autotyp zwischen 2000 und 5000 €. Bei Nutzfahrzeugen ist auch ein Umbau vom Diesel auf Erdgas möglich, bei PKW lohnt es sich nicht. Eigentlich ist das Volumen von Erdgas recht groß, deshalb muss es komprimiert werden und wird in Hochdruckbehältern im oder unter dem Kofferraum untergebracht. Darunter leidet natürlich die Kofferraumgröße des Autos. Die Angst vor großer Explosionsgefahr beim Erdgasauto kann ich Ihnen nehmen: Regelmäßige TÜV-Kontrollen sind Vorschrift und prüfen, dass der automatische Mechanismus des Ablassens von Erdgas bei Unfällen einwandfrei funktioniert. Größere Zwischenfälle gab es in letzter Zeit nicht.

Die Reichweite von Erdgasautos ist mit 300 bis 600 Kilometern recht passabel. Zudem gibt es den sogenannten BIVALENTEN ERDGAS-ANTRIEB, der unbemerkt auf Benzin umschaltet, wenn das Erdgas zur Neige geht. Dadurch lässt sich die Reichweite auf 1000 Kilometer erhöhen.

So klimafreundlich das Erdgasauto aber auch ist, jemand, der auf dem Land wohnt, kommt mit diesem Fahrzeug nicht allzu weit. Deutschlandweit gibt es einfach noch zu wenige Zapfsäulen, 900 sind es momentan. Zum Vergleich: Benzin- und Dieseltankstellen existieren in Deutschland 14000 und Autogas (LPG) etwa 7000.

Was ist eigentlich der Unterschied zwischen ERDGAS (CNG) und AUTOGAS (LPG)?

CNG (Compressed Natural Gas) ist komprimiertes Gas, es besteht hauptsächlich aus gasförmigem Methan. LPG (Liquefied Petroleum Gas) ist Flüssiggas, ein Gemisch aus Propan und Butan, das sind Nebenprodukte, die bei der Förderung von Erdöl und Erdgas entstehen. Dabei ist

Flüssiggas nicht ganz so umweltfreundlich wie das Erdgas, da es einen höheren CO_2-Ausstoß hat. Dennoch ist es natürlich umweltfreundlicher mit LPG zu fahren als mit Diesel oder Benzin.

Auch wenn Erdgas, wie Benzin und Diesel ein fossiler Brennstoff ist, und diese Autos ebenfalls CO_2 in die Atmosphäre pusten, ist die Bilanz deutlich besser. Der CO_2-Ausstoß ist niedriger als beim Benziner und bei den Stickoxiden sind es sogar 90 % weniger als bei vergleichbaren Dieselautos. Auch beim Thema FEINSTAUB punktet der Erdgasantrieb mit deutlich niedrigeren Werten als Benzin und Diesel.

Aber man muss im Hinterkopf haben, dass Erdgas eine fossile, endliche Ressource ist! Kurzfristig gesehen, sparen wir damit Emissionen ein, aber auch auf lange Sicht?

Mittlerweile ist man so weit, dass Erdgas künstlich hergestellt werden kann. Das ist im Moment noch sehr teuer, dort steckt die Forschung wie in so vielen anderen Bereichen noch in den Kinderschuhen. Aber mit der »POWER-TO-GAS«-Technologie könnten synthetischer Wasserstoff und Erdgas hergestellt werden. Überschüssiger Ökostrom aus Wind- und Sonnenenergie kann für die Erzeugung von speicherbarem Wasserstoff oder Erdgas genutzt werden. Bei der Elektrolyse wird – mit Strom als Antriebsenergie – Wasser in Sauerstoff und Wasserstoff zerlegt. Der Wasserstoff kann direkt ins Erdgas-Netz eingespeist werden, das ist interessant für das Heizen. Oder durch Methanisierung wird Wasserstoff zu synthetischem Erdgas (auch regeneratives Erdgas genannt) umgewandelt und kann als Treibstoff genutzt werden. Das ist noch etwas Zukunftsmusik, aber die Forschung kommt gut voran.

››› DAS ELEKTROAUTO

Schauen wir uns nun das umstrittene ELEKTROAUTO etwas genauer an. Es sieht von außen erstmal wie ein normales Auto aus, ist nur deutlich leiser und man braucht so einiges, wie Kühler, Tank, Zündkerzen, Anlasser und einen Katalysator, nicht. Dafür benötigt man einen AKKU, eine BATTERIE und einen ELEKTROMOTOR. Einfach gesagt, wird elektrische Energie aus der Batterie mit Hilfe des Motors in Bewegungsenergie umgewandelt. Dabei steht dem Auto schon im Stand das volle Drehmoment zur Verfügung. Das hat den Vorteil, von Beginn an, die komplette Zugkraft zu haben, es erlaubt einen enormen Komfort beim Anfahren. Schaltvorgänge sind bei einem E-Auto nicht notwendig, somit fehlt die klassische Kupplung. Die Elektromotoren, man verwendet mittlerweile fast überall SYNCHRONMOTOREN, haben einen sehr hohen Wirkungsgrad von 80 bis 95 %, es geht also wenig der zugeführten Energie verloren. Diese Bilanz ist bei Verbrennungsmotoren nicht so gut. Benziner haben meist einen Wirkungsgrad von 30 %, Dieselautos etwa 40 %.

Bei den Elektroautos unterscheidet man das klassische Modell mit einem E-Motor unter der Motorhaube, oder zwei Motoren wie bei einigen Teslamodellen, wo jedes Rad einen eigenen Elektromotor besitzt.

Auf alle Fälle ist aber eine HOCHVOLTBATTERIE notwendig. Sie besteht aus mehreren einzelnen Batteriemodulen. Im Prinzip wird elektrische Energie zugefügt, in chemische Energie als Speicher umgewandelt, um dann bei der Energieabfrage wieder in elektrische Energie umgewandelt zu werden. Die Leistungsfähigkeit der aktuellen AKKUS ist noch nicht ideal, die Forschung muss intensiviert werden. Derzeit vertrauen die meisten Hersteller auf LITHIUM-IONEN-AKKUS. Sie haben eine hohe Leistungs- und Energiedichte, entladen sich in Ruhe recht langsam selbst, haben kaum einen Memory-Effekt, aber eine recht lange Aufladezeit. Zudem sind sie in der Herstellung noch recht teuer und die Lebensdauer ist relativ gering. Außerdem benötigt man zehn Kilogramm Lithium pro Batterie, was vor allem Umweltaktivisten und Hydrologen wütend macht. LITHIUM als Rohstoff wird vor allem in Entwicklungsländern unter erbärmlichen Bedingungen für die Bevölkerung und die Umwelt vor Ort abgebaut. Vor allem in Südamerika fördert man Lithium, was die Viehzucht als Lebensgrundlage kontinuierlich zerstört. Tiere werden krank, deren Wasserstellen werden verdrängt und Tiere vertrieben; große Umweltschäden sind schon angerichtet, Böden, Wasser und Luft verseucht. Um ein Kilogramm Lithium zu gewinnen, muss eine Tonne Granit zerkleinert werden, was teils nur mit aggressiven Chemikalien und viel Wasser zur Kühlung funktioniert. Dies schadet der Umwelt enorm. Zudem steigt der Lithiumbedarf enorm: 2016 waren es global 40 000 TONNEN, 2025 schätzt man die Nachfrage auf weltweit jährlich 500 000 TONNEN. Lithium wird durch die Investitionen in Elektromobilität mittlerweile als »WEISSES GOLD« des 21. Jahrhunderts bezeichnet.

Experten meinen, dass die steigende Nachfrage an Lithium und Kobalt, beides Ressourcen für die Lithium-Ionen-Batterien, im Moment noch kein Problem darstellt, man das aber für die Zukunft schlecht abschätzen kann. Zudem müssen natürlich die Bedingungen zur Gewinnung dieser Rohstoffe deutlich und schnell verbessert werden.

Unter Branchenkennern gilt allerdings NICKEL als heimlicher Gewinner in der Elektroauto-Revolution. TESLA forscht da gerade sehr aktiv. Die positive Elektrode ihrer neuen Batterien soll aus Nickel und die negative Elektrode aus Graphit bestehen und deutlich leistungsfähiger sein. Es bleibt ein umstrittenes, schwieriges Thema.

Auch das Recycling der Akkus ist derzeit noch ein Problem. Jeder Transport von LITHIUM-IONEN-BATTERIEN ist ein teurer, aufwendiger Gefahrguttransport. Zudem gibt es noch keine Standardbatterie, die das Auseinanderbauen und Wiederverwenden schnell und automatisiert macht. Noch ist das sehr aufwendig und muss dringend verändert werden.

In der Zukunft sollen aber möglicherweise Lithium-Sauerstoff-Akkus oder Silizium-Luft-Batterien noch bessere Leistung, weniger Kosten und besseres Recycling bringen. Technisch ist zum Teil noch das 30fache an Leistungsfähigkeit möglich, damit würden sich natürlich die Reichweiten der Elektroautos stark verbessern. Im Moment scheitert es aber noch an sehr hohen Herstellungskosten.

Außerdem gibt es im E-Auto noch eine Niedervoltbatterie, die im Inneren des Autos Geräte mit einer Spannung von 12 Volt versorgt. Wussten Sie eigentlich, dass die meiste Energie in einem E-Auto für die KLIMAANLAGE sowie die AKKUS benötigt wird? Das heißt, vor allem an heißen Tagen gehen die Reichweiten noch etwas zurück.

Ein Elektroauto ist deutlich wartungsärmer und unanfälliger als unsere klassischen Autos, allerdings nur bis zu dem Moment, wo der Akku aufgibt. Dann kann es teuer und aufwendig werden, je nachdem, ob der Akku verschraubt oder geklebt wurde. Experten gehen davon aus, dass Lithium-Ionen-Akkus nach 1000 Ladevorgängen ausgewechselt werden müssen. Wenn man mit einer Reichweite von 100 Kilometern pro Aufladung rechnet, hält ein Akku etwa 100 000 Kilometer. Je nach Nutzungsintensität fährt dieses Fahrzeug fünf bis zehn Jahre.

Noch sind Elektroautos in der Anschaffung deutlich teurer als ihre Verbrennungskollegen. Die Wartung ist zwar günstiger und es gibt Prämien vom Staat, aber durch die geringen Reichweiten ist es für viele noch keine sinnvolle Alternative.

In Deutschland gibt es derzeit etwa 16 000 Ladestationen. Die Zahl soll stetig und spürbar wachsen, denn die Autohersteller geraten zunehmend unter Druck. 2021 liegen die Flotten-Grenzwerte bei 21 Gramm CO_2 pro Kilometer, sonst müssen Strafen an die EU gezahlt werden. 2030 soll es 300 000 Ladestationen und über 10 MILLIONEN Elektroautos in Deutschland geben. Die Angst vor einer Überlastung des Stromnetzes sei unbegründet, meinen Experten.

Es wird also auf das Elektroauto in Deutschland gesetzt, in anderen Ländern passiert das schon eine Weile, teils mit mehr Erfolg, teils mit einigen Niederlagen zwischendurch. Dennoch: Das Elektroauto ist in der Herstellung sehr energieintensiv und kostet uns dort Unmengen CO_2, die Akkus werden aus schwindenden Ressourcen unter unmöglichen Bedingungen hergestellt und die Entsorgung ist noch ein Problem. Auch die Angst vor ständig brennenden E-Autos und das Problem der Rettung bei Unfällen geistern immer wieder durch die Medien. Dabei sollte man aber im Hinterkopf behalten, dass ein Auto sehr selten einfach so in Brand gerät, und dass dies bei E-Autos nicht häufiger passiert, als bei Autos mit Verbrennungsmotoren. Zudem gibt es auch durch die Wasserstoff- und erdgasbetriebenen Autos neue Einsatzbereiche. Wasserstoff ist ein sehr reaktionsfreudiges Gas, vor allem wenn es mit Sauerstoff reagiert. Auch dort muss die Feuerwehr neue Rettungs- und Löschstrategien entwickeln. Insgesamt haben aber die Automobilhersteller durch bessere Platzierung der Batterien und Ummantelung der Kabel das Risiko für Brände deutlich senken können. Eine standardmäßige, gut sichtbare Kennzeichnung, um welchen Antrieb es sich handelt, wünschen sich jedoch die Rettungskräfte. Zudem sollte jeder Fahrer eines E-Autos wissen, wo der ZENTRALSCHALTER DER BATTERIE ist und im Falle eines Unfalls, wenn er dazu noch in der Lage ist, ihn auszuschalten, damit hilft er der Feuerwehr und sich selbst sehr.

››› DER HYBRID

Eine Unterart des Elektroautos ist der Hybrid und quasi eine Mischung aus Elektroantrieb und Verbrennungsmotor. Der große Vorteil dieser Autos ist der GERINGE VERBRAUCH. Durch den Elektromotor kann man schnell anfahren, bei hohen Drehzahlen arbeitet der Verbrennungsmotor besser. Hybridautos schalten meisten automatisch zwischen beiden Systemen hin und her und sind so sehr effektiv. Man braucht an keine Ladestation, da während der Fahrt die Batterie über einen Dynamo bzw. durch die Energie, die beim Bremsen frei wird, aufgeladen wird.

Nachteile sind die HÖHEREN ANSCHAFFUNGSKOSTEN. Durch die zwei Systeme ist das Auto schwerer, was sich vor allem bei langen Strecken durch einen höheren Verbrauch bemerkbar macht. Der Kofferraum ist durch die Batterie des Elektromotors meist kleiner.

Die REICHWEITEN sind höher als beim reinen Elektroauto, aber geringer als bei Dieseln oder Benzinern. Auf langen Strecken rentiert sich ein Hybrid nicht, in Ballungsgebieten oder wenn man in bergigen Regionen unterwegs ist, macht ein Hybridauto Sinn und spart Schadstoffausstoß.

Neben den reinen Hybridautos gibt es mittlerweile PLUG-IN-HYBRIDE. Sie besitzen einen Elektroantrieb, einen Verbrennungsmotor und zusätzlich einen größeren Akku. Diesen kann man an Ladesäulen oder Steckdosen füllen, um so auf längeren Strecken elektrisch zu fahren. Auch hier ist umstritten, ob es eine Weiterentwicklung oder ein fauler Kompromiss ist. Es wird auf alle Fälle nur eine Übergangstechnologie sein. Wenn man sich den gesamten Lebensweg eines Plug-in-Hybrids anschaut, das heißt Herstellung, Nutzung und dem Recycling und den dadurch erzeugten Emissionen schneidet er ähnlich ab wie ein Dieselauto, aber besser als ein Benziner.

Ein Plug-in-Hybrid ist ideal für alle, die emissionsarm und klimafreundlich unterwegs sein wollen, aber aufgrund der geringen Reichweiten (noch) auf ein Elektroauto verzichten müssen.

››› DAS BRENNSTOFFZELLENAUTO

Neben dem batterieelektrischen Antrieb bei Autos gibt es noch die Möglichkeit des BRENNSTOFFZELLENAUTOS. Vereinfacht gesagt, wandelt dabei eine Wasserstoff-Sauerstoff-Brennstoffzelle Wasserstoff und Sauerstoff in elektrische Energie mit Wärme und Wasser als Beiprodukte um. Bei dieser Kraftstoffherstellung mittels Elektrolyse wird zwar mehr Energie benötigt, aber man hat eine höhere Flexibilität. Die Reichweiten liegen bei 400 bis 500 Kilometern und das Stromnetz wird nicht so stark belastet wie bei Elektroautos. Man tankt quasi so schnell wie mit einem Benziner und hat ähnlichen Fahrkomfort. Derzeit gibt es jedoch noch viel zu wenige Tankstellen für Brennstoffzellenautos, Ende 2018 waren es deutschlandweit 50 Wasserstofftankstellen. 2019 sollten noch 100 weitere Wasserstoffstationen für PKW eröffnet werden. Bisher sind auch die Anschaffungskosten durch die energieintensive Herstellung sehr hoch. Das kann sich aber durch eine Massenproduktion und neue Technologien ändern.

Aus Sicht der Energiesystemforschung wäre eine Kombination aus beiden Antriebsystemen sinnvoll: Elektroantrieb und Brennstoffzelle. Je nach Nutzung und Anforderungsprofil macht das eine oder andere derzeit mehr Sinn. Wenn Sie tagtäglich nur kurze Fahrwege haben, empfiehlt sich ein Elektroauto, auch die Post, Lieferdienste und innerstädtische Busse kommen damit gut zurecht. Wenn Sie in der Nähe einer Wasserstofftankstelle wohnen, etwas Gutes für das Klima tun wollen und nicht am Hungertuch nagen, ist das Brennstoffzellenauto genau das Richtige für Sie.

Mittlerweile gibt es auch von einigen Autoherstellern die Kombination eines Elektroautos mit Brennstoffzellen – vielleicht wird das ja mal die Zukunft?!

Um noch einmal zum »klassischen« Auto zurückzukommen, muss natürlich auch das Thema SUV angesprochen werden. Das sind jene spritschluckenden Geländewagen, die deutlich mehr Emissionen verursachen und außer, dass sie groß und auffällig sind, vor allem bei uns in Deutschland keinen Mehrwert zum Autofahren haben. Der Verkauf dieser City-Geländewagen boomt in den letzten Jahren weltweit. Diverse

Umweltschutzorganisationen fordern seit langem die Entwicklung und Herstellung dieser Autos einzustellen. Vor der IAA (International Automobil-Ausstellung) im September 2019 kam es deswegen erstmals zu Großdemonstrationen. Die Zahl der Neuzulassungen dieser Stadtgeländewagen steigt in Deutschland von Jahr zu Jahr und die Autohersteller präsentieren immer wieder neue Modelle. SUVs verbrauchen mehr Sprit, beanspruchen mehr Raum, vor allem auch bei Parkplätzen, sie versperren die Sicht und können so zu mehr Unfällen im Straßenverkehr führen. Die Bundesregierung möchte diesen Boom immerhin durch höhere Kfz-Steuern stoppen. Neufahrzeuge, die geringe Emissionen verursachen, sollen gefördert werden. Autos, die dagegen einen hohen CO_2-Ausstoß haben, müssen teurer werden. Das wäre ein Anfang. Allerdings sollte das nicht nur in Deutschland, sondern weltweit – vor allem auch in den USA – umgesetzt werden und die Autoindustrie sollte von sich aus den Markt verändern wollen und in umweltfreundliche Autos investieren.

DAS AUTOMODELL DER ZUKUNFT GIBT ES NOCH NICHT. JEDER MUSS SEINEN BEDÜRFNISSEN ENTSPRECHEND SEINEN FAVORITEN FINDEN.

››› MEIN »GRÜNES« BÜRO

Was versteht man unter einem »grünen Büro«? Ja, ein komischer Begriff, aber nachdem Sie schon so viel über den Klimawandel und Einspartipps in diesem Buch gelesen haben, ist es nur logisch, dass man auch im Arbeitsbereich eine Menge Energie einsparen kann.

Fangen wir mit den HANDYS an. Da gibt es mittlerweile eine neue Methode des Aufladens ohne Kabel, es passiert INDUKTIV. Man legt oder stellt sein Handy einfach auf eine Ladestation und der Akku betankt sich von selbst kabellos über verborgene Spulen. Das hat den Vorteil, dass das induktive Laden überall auf dem gleichen Standard möglich ist, da induktive Ladestationen auf QI setzen, das ist ein einheitliches induktives Ladesystem. Beim Kabelaufladen gibt es mit Lightning, Micro-USB oder USB-C noch einige Unterschiede. Aber der neue Komfort hat auch seine Schattenseiten, denn Laden per Induktion verbraucht durchschnittlich 50 % mehr Energie als via Kabel. Vor allem, wenn Sie Ihr Handy über Nacht in die Ladeschale legen. Wenn es »voll« anzeigt und weiter geladen wird, verschwendet man Energie und das Akkuleben verkürzt sich. Zudem wird unnötiger Strom verbraucht, wenn das Handy nicht perfekt in der Ladeschale liegt. Befinden sich die Induktionsspulen nicht direkt über dem Handy, kommt weniger Energie im Handy an, dadurch verlängert sich der Ladevorgang. Sie sollten das Handy also möglichst mittig in die Schale legen, dann liegen die Spulen beider Geräte recht nah beieinander, auch die Handyhülle sollte man abmachen, denn dadurch verpufft Energie.

Wussten Sie, dass das Laden bei hochsommerlichen Temperaturen länger dauert, weil das Handy einen zu heißen Akku signalisiert und der Ladevorgang unterbrochen wird? Aber auch zu kalt darf es nicht sein – viele von Ihnen haben diese Erfahrung sicher mal beim Skifahren gemacht, wie schnell da ein Akku leer werden kann. Unsere Lithium-Ionen-Akkus sind also kleine Sensibelchen. Hier ein paar Tipps, damit sie möglichst lange halten, drei bis fünf Jahre sind dabei normal: Laden Sie Ihr Handy während des Frühstücks oder Abendessen und nicht über

Nacht. Am besten gefällt es ihnen, wenn sie 80 % Power haben. Und auch wenn Sie es nicht benutzen, laden Sie Ihr Handy alle paar Wochen auf ca. 60 % auf, dann hält es insgesamt länger.

Überlegen Sie, wie viele Handys Sie insgesamt brauchen, muss es wirklich das Firmenhandy und das private sein? Laut Bitkom liegen 100 Millionen Altgeräte in Deutschlands Haushalten, eine wirklich beträchtliche Zahl. Und vor allem, braucht man wirklich immer das neuste Modell? Jede Neuproduktion kostet Energie und im Handy stecken viele endliche Ressourcen wie das seltene Metall TANTAL oder das Erz COLTAN. Das wird hauptsächlich im Kongo abgebaut, aber unter widrigsten inhumanen Bedingungen für die Minenarbeiter. Mineralstaub verpestet die Lungen, Erdrutsche sorgen für tödliche Unfälle und auch Kinder müssen schon mithelfen. Aber es wird immer mehr von diesen Rohstoffen gebraucht, denn der Handymarkt vergrößert sich von Jahr zu Jahr. Weltweit gesehen, gibt es übrigens mehr Mobilfunkanschlüsse als Menschen: Ende 2018 waren es rund 8,2 Milliarden Handys. Wobei der Zuwachs in den letzten Jahren vor allem in Asien und Afrika zu sehen ist, wo es teils noch nicht mal ein Stromnetz gibt, geschweige denn Bildung.

Die meiste Energie beim Handy entsteht in der Produktion, die Nutzung selbst produziert dann nicht mehr so viele Treibhausgase. In Zahlen: Ein Jahr telefonieren kann man mit einer Stunde Autofahren vergleichen.

Auch die Wärme, die Handys produzieren, ist vernachlässigbar. Da verursachen Autos, Staubsauger und Wäschetrockner einen größeren CO_2-Abdruck.

Allerdings verbrauchen die Netzwerke und Datencenter, die im Hintergrund agieren, damit wir mobil telefonieren und im Internet surfen können, eine Menge Energie und sollten ausschließlich mit erneuerbaren Energiequellen betrieben werden. Bei Google und Facebook ist das übrigens schon der Fall.

Auch die ENTSORGUNG eines Handys ist sehr kosten- und arbeitsintensiv. Aufwendig müssen die verschiedenen Materialien getrennt und zerlegt werden. Die Weiterverwertung passiert meist nur illegal in Entwicklungsländern, auch unter menschenunwürdigen Bedingungen. Der

Rest landet meist nicht als Elektroschrott auf Sonderdeponien, sondern auf der normalen Müllhalde und verseucht mit austretender Schlacke das Grundwasser.

Ein faires Mobiltelefon, was nur aus Rohstoffen besteht, die unter Einhaltung von Umwelt- und Sozialstandards gewonnen wurden, kaufen sich die wenigsten, denn sie sind deutlich teurer. Diese Handys können zwar längst nicht mit den hochmodernen Handys heutzutage mithalten, aber sie halten länger. Denken Sie doch darüber nach, Ihr Handy beim nächsten Fehler lieber reparieren zu lassen, anstatt gleich ein neues zu bestellen.

Ein anderes Problem sind die COFFEE-TO-GO BECHER, welche aus Einwegpappe und -plastik bestehen. Das heißt, viel Müll und viel Energie muss bei der Produktion und Entsorgung aufgewendet werden. Jährlich fallen in Deutschland etwa drei Milliarden Einwegpappbecher an. Sogar in der Politik wird mittlerweile darüber nachgedacht, dieses Problem anzugehen. Aber auch hier wird viel gerungen: Wer ist schuld, wer muss Verantwortung übernehmen, wer muss sich an den Müll- und Recyclingkosten beteiligen? Fakt ist, es entsteht viel zu viel Müll durch diese Becher, der vermeidbar ist.

Die meisten Einwegpappbecher sind nämlich auf der Innenseite mit POLYETHYLEN beschichtet. Das macht die Entsorgung schwierig, die Becher müssen als Restmüll verbrannt werden. Nehmen Sie doch morgens Ihren Kaffee im MEHRWEGBECHER von zu Hause mit, das spart sogar Geld. Und auch in der Tankstelle, im Kaffeeladen oder beim Bäcker dürfen Ihre eigenen Becher befüllt werden. Dadurch wird jede Menge Abfall vermieden und Ressourcen geschont. Gönnen Sie sich doch einen verschließbaren Unterwegs-Kaffeebecher im schönen Design aus Stahl, Porzellan, Kunststoff oder Bambus und genießen Sie so Ihren nächsten Kaffee unterwegs doppelt mit einem guten Gewissen für die Umwelt. In einigen Coffeeshops wird das mittlerweile unterstützt: Wenn Sie Ihren eigenen Kaffeebecher mitbringen, zahlen Sie weniger.

Das Gleiche gilt natürlich für Fastfood-Essen, auch da entsteht Unmengen unnötiger, sinnloser Müll, der nicht sein muss. Zudem ist dieses Essen nicht besonders gesund, gut verträglich oder günstig. Überlegen Sie also genau, auch wenn Sie viel unterwegs sind oder arbeiten, was Sie wann, wo und bei wem essen.

Zudem sollten Sie darüber nachdenken, Ihren Arbeitgeber zu fragen, was er vom HOMEOFFICE hält. Viele von Ihnen, vor allem Frauen, nutzen das schon und das ist auch gut so. Zum einen erhöht es die Work-Life-Balance, spart Arbeitswege und würde so auch dem Stauproblem auf unseren Straßen deutlich helfen. Ja, man muss sich zu Hause disziplinieren und ja, manchmal muss man natürlich in der Firma präsent sein, aber nicht jeden Tag und es geht natürlich auch nicht bei allen Berufsgruppen. Aber in vielen Branchen kann viel über Telefon oder Skype besprochen und organisiert werden.

Laut einer DIW-Studie könnten 40 % der Beschäftigten in Deutschland von zu Hause arbeiten, nur 12 % tun es im Moment. Das Bundesarbeitsministerium möchte ein Gesetz auf den Weg bringen, was bessere gesetzliche Regelungen für die Arbeit von zu Hause aus bietet.

Sicher hat das Homeoffice Vor- und Nachteile, aber es muss ja auch nicht jeden Tag sein, sondern nur zeitweise und im Sinne vom Arbeitgeber und -nehmer.

WELTWEIT GESEHEN, GIBT ES ÜBRIGENS MEHR MOBILFUNKANSCHLÜSSE ALS MENSCHEN: ENDE 2018 WAREN ES RUND 8,2 MILLIARDEN HANDYS.

>>> WIE MACHE ICH KLIMAFREUNDLICH URLAUB?

Wer liebt sie nicht, die wohlverdienten schönsten Wochen im Jahr, die Urlaubswochen. Ja, die arbeitsfreie Zeit ist sehr wichtig für unseren Körper, nur schuften und produktiv sein, ist nicht alles und auch nicht gesund. Aber wie nutzt man die freie Zeit? Muss es wirklich einmal im Jahr die Fernreise sein oder mehrere Kurztrips pro Jahr in eine Großstadt?

>>> KREUZSCHIFFFAHRT

Wer von Ihnen ist schon einmal mit einem KREUZFAHRTSCHIFF gefahren und das ohne schlechtes Gewissen? Ja, das ist bestimmt ein toller, erholsamer Urlaub mit viel Abwechslung, man sieht viel von der Welt, da man nachts von Urlaubsziel zu Urlaubsziel gefahren wird und tagsüber Tolles erleben kann. Aber haben Sie sich schon mal gefragt, was das für das Klima bedeutet? Eine siebentägige Kreuzfahrtreise mit Flug im Mittelmeer verbraucht so viel Kohlendioxid, wie wir eigentlich im Jahr pro Person nur verbrauchen dürften, damit die Erderwärmung zukünftig auf 2 Grad begrenzt wird. Das sind 2,3 Tonnen CO_2 und damit ist eigentlich alles gemeint, das heißt, alltägliches Essen, Wohnen, Strom, Mobilität, Verkehr und sonstiger Konsum und nicht nur eine Woche Urlaub auf einem Schiff. Die Kreuzfahrtschiffe haben einen Mega-Riesen-Mammut-Fußabdruck, wenn man auf die CO_2-Bilanz schaut. Sie fahren mit dreckigem Diesel in Häfen und mit furchtbarem Schweröl auf hoher See und haben keine Rußpartikelfilter wie Diesel-PKWs oder LKWs. Mal zum Vergleich: Diese fahrenden Städte haben einen Schadstoffausstoß von etwa 400 000 Autos. Deshalb verursachen sie eine enorme Menge an schädlichen Schwefel-, Stickoxid- und Rußemissionen. Das ist nicht nur für unser Klima schlecht, sondern auch für uns Menschen. Die Weltgesundheitsorganisation geht davon aus, dass giftige, krebserregende Schiffsemissionen, die vor allem die Häfen verpesten, in Europa schon 2012 für 50 000 vorzeitige Todesfälle verantwortlich waren.

Doch die Branche boomt, immer mehr Kreuzfahrtschiffe werden gebaut und Reisen gebucht. Bei TUI Cruises gab es 2018 eine Steigerung um 5 %, 2017 waren es 25 % und 2016 sogar 26 %. Vor 20 Jahren gab es rund 300 000 deutsche Kreuzfahrtpassagiere, 2018 waren es 2,2 Millionen. Unsere Gesellschaft altert und vor allem für ältere Menschen ist diese Urlaubsgestaltung attraktiv: Sie müssen sich nicht mehr so viel bewegen, werden rundum verwöhnt und können dazu viel sehen.

Auch wenn die Branche mit ökologischer Umstellung wirbt, beispielsweise mit Aussagen, dass der CO_2-Gesamtausstoß pro Passagier um 70 % zurückgegangen ist, ist es für das Klima ein Graus, vor allem, weil sich die Branche weiter vergrößert. 39 von 40 Kreuzfahrtschiffen in Hamburg nutzen nicht die Stromanlage des Hafens Altona, sondern produzieren ihren Strom selbst, das heißt, mit DIESELGENERATOREN an Bord, das kostet die Reedereien weniger Geld, tut aber der Luft nicht gut. Dies geht natürlich sehr zu Lasten der Stadtbewohner Hamburgs. Wussten Sie, dass ein Kreuzfahrtschiff 40 % seiner Zeit in Häfen verweilt und dort die Energie einer Kleinstadt verbraucht?

Ein bisschen verbessern könnte die Einführung von LNG (Flüssiggas) die Ökobilanz der Branche. Allerdings ökologisch grün wird der Urlaub dadurch trotzdem nicht. Häufig ist es ja sogar so, dass man mit dem Flugzeug anreisen muss, um in sein Kreuzfahrtschiff zu steigen.

Kreuzfahrtschiffe verbrauchen am Tag auf hoher See etwa 150 TONNEN SCHWERÖL. Das ist ein giftiges Abfallprodukt aus der Petrochemie und müsste eigentlich als Sondermüll entsorgt werden. Schweröl enthält 3500-mal mehr Schwefel als in Autos erlaubt ist und damit tuckern die Riesenschiffe durch unsere Meere. Das hat verheerende Auswirkungen für Fische, Vögel und andere Meeressäuger und damit schneiden wir uns wieder ins eigene Fleisch. Denn letztendlich landet dieses Gift wieder in unserer Nahrungskette, wenn wir Fisch und andere Meerestiere essen.

Neue Kreuzfahrtrouten beinhalten mittlerweile sogar Touren an den Nord- und Südpol. Das empfinden Umweltschützer als richtig grotesk, da der ausgestoßene schwarze Ruß sich auf das Eis verteilt: Schwarze

Untergründe schlucken das Sonnenlicht und führen zu Erwärmung, im Gegensatz zu weißem Schnee und Eis, die das Sonnenlicht reflektieren. Das heißt, dadurch wird das Abschmelzen unserer Pole noch verstärkt.

Außerdem werden die Anlaufhäfen zunehmend für andere Touristen unattraktiv und für die Einheimischen eine Katastrophe, weil es einfach zu voll wird. Wie schwarze Termiten fallen die großen Herden von Menschen in die Häfen ein. In das eigentlich so kleine Venedig kommen mittlerweile 650 KREUZFAHRTSCHIFFE pro Jahr. Diese Orte verlieren durch den Ansturm an Attraktivität – für Einheimische und Touristen. Außerdem fallen Unmengen an Müll und Einwegartikeln an.

Große Schiffe beherbergen 5000 Reisende und dabei etwa 2000 Angestellte. Das heißt, es gibt dort bis zu zehn Restaurants und genauso viele Bars. Nachgewiesenermaßen wird bei solch einem Urlaub mehr gegessen als zu Hause. Zum einen werden Unmengen Lebensmittel weggeworfen und landen im Meer und zum anderen wird natürlich nicht in den angefahrenen Häfen frisches Obst und Gemüse gekauft. Es müssen die Bananen aus der Karibik sein, weil sie schöner aussehen und in den guten Restaurants das Steak aus Argentinien.

Außerdem wird natürlich Unmengen Strom durch Beleuchtung, Klimatisierung, Kühlung der Lebensmittel und Getränke und Unterhaltung verbraucht.

Häufig werden nicht nur Essen und Trinken über Bord geworfen, auch das »Grauwasser«, das heißt das Dusch- und Spülwasser sowie das »Schwarzwasser« der Toiletten werden meistens im Meer entsorgt. Sauerstoffmangel und Algenwachstum in den Meeren werden dadurch gefördert und machen unsere Ozeane samt ihrer Bewohner krank.

Kreuzfahrtschiffe sind zwar nur ein kleiner Teil der weltweiten Hochseeflotte, aber auch sie tun unserem Klima nicht gut und sie könnten mit gutem Beispiel vorangehen, indem sie wenigstens das eine oder andere ändern. Vereinzelt gibt es immerhin schon HYBRIDKREUZFAHRTSCHIFFE, die mit flüssigem Erdgas (LNG) und Marine-Diesel fahren, aber bisher sind das noch Exoten. Und natürlich sollten alle Tanker dieser Welt nicht weiter mit Schweröl auf den Meeren unterwegs sein. Wenn man da ein bisschen weiterdenkt und alternative, natürliche teurere Antriebsvarianten einführt, die die Transportkosten für viele Artikel, beispielsweise auch Cent-Artikel aus China verteuern würden, dann würde es sich auch wieder lohnen, in Deutschland zu produzieren – das würde die Wirtschaft antreiben und das Klima durch deutlich geringe Transportkosten schonen.

Und um noch einmal auf die Kreuzschifffahrt zu sprechen zu kommen: Überlegen Sie sich bitte genau, ob es dieser Urlaub sein muss.

››› FLUGREISEN

Durch die Liberalisierung des europäischen Flugverkehrs 1992 wurde Fliegen auch für Normalverdiener erschwinglich. Heutzutage sind Flugreisen meist sogar billiger als ein Bahnticket. Die Zulassungsbedingungen für Fluggesellschaften wurden vereinheitlicht, Kapazitätsbeschränkungen und Preisvorgaben abgeschafft – Billigfluggesellschaften schossen wie Pilze aus dem Boden. Davon haben natürlich wir Passagiere profitiert, aber auch die Wirtschaft: Ein Job in der Luftfahrtbranche zog drei Jobs in Bereichen wie Tourismus, Handel und Logistik nach sich – viele neue Arbeitsplätze entstanden. Allerdings auch auf Kosten unserer Umwelt.

Natürlich ist jede Flugreise ökologisch gesehen eine kleine Katastrophe, denn Fliegen verursacht etwa 5 % der klimaschädlichen Emissionen weltweit. In Deutschland haben sich die Passagierzahlen in den letzten zwei Jahrzehnten nahezu verdoppelt auf knapp 120 MILLIONEN FLUGREISENDE 2019. Diese Zahlen beinhalten nicht nur Urlauber, auch Geschäftsreisende sind inbegriffen, aber dennoch ist es eine erschreckend hohe Anzahl.

Kerosin ist ein Klimakiller, vor allem Stickoxide gelangen in die Atmosphäre. Zudem ist umstritten, was KONDENSSTREIFEN so bewirken. Diese durch Flugzeuge entstandenen Wolken verhindern die Wärmerückstrahlung der Erde. Sie halten quasi die Wärme wie eine Glocke in der Atmosphäre und verstärken so eine weitere Erderwärmung. Meist haben Kondensstreifen nur eine kurze Lebensdauer und zerfallen schnell wieder. Aber je feuchter die Luft, desto länger bleiben diese Wolken erhalten und wirken auf uns. Andere Wissenschaftler behaupten, da sich Kondensstreifen in so großen Höhen befinden, sie für weniger Sonneneinstrahlung sorgen, da die Sonnenstrahlung schon an den Kondensstreifen zurückgeworfen wird und gar nicht erst die Erde erreicht. Man merkt, das Thema ist vielschichtig und leider noch nicht gut genug erforscht, um stichfeste Aussagen zu treffen.

Die Emissionen des Fliegens sind auf alle Fälle ein Luxusproblem. Wussten Sie, dass gerade mal 18 % der Weltbevölkerung jemals ein Flugzeug bestiegen hat? Für uns ist das aber normal geworden.

Immerhin passiert in der Fliegerei einiges, Kerosin wird eingespart. Mal zum Vergleich: Deutsche Fluggesellschaften verbrauchten 2017 durchschnittlich 3,58 Liter Kerosin pro Person auf 100 Kilometer. In den 1990er Jahren waren es noch über 6 Liter. Die Energieeffizienz hat sich also deutlich verbessert. Außerdem gibt es neue Verfahren zur KEROSINHERSTELLUNG, es wird nach alternativen Antrieben und innovativer Technik geforscht und mittlerweile gibt es eine bessere Auslastung der Flugzeuge. Zudem soll es in Zukunft ELEKTRO- UND HYBRIDFLUGZEUGE geben. Für den Passagierbetrieb wird es aber noch einige Jahre dauern. Die Flugzeughersteller arbeiten aber intensiv an neuen Technologien. Das Ziel ist bezahlbarer ökologischer Kraftstoff. Bisher kosten aber alternative Kraftstoffe aus dem sogenannten POWER-TO-LIQUID-VERFAHREN, wo der Treibstoff aus erneuerbaren Energien gewonnen wird, das Drei- bis Fünffache von klassischem Kerosin.

Es gibt zudem Forschungsprojekte, die versuchen Flugzeuge statt mit Kerosin mit Wasserstoff zu betanken und das wäre komplett treibhausgasfrei. Und der Wasserstoff soll dabei noch mit Windenergie hergestellt werden. Klingt utopisch, könnte aber in einigen Jahrzehnten zum neuen Verkehrskonzept dazugehören. Damit wäre es klimaneutral und wirtschaftlich soll es auch werden. Mithilfe von überschüssiger Windenergie soll durch Elektrolyse Wasserstoff produziert werden, um daraus Treibstoff als Kerosinersatz für Flugzeuge herzustellen. Noch ist es Zukunftsmusik, denn man braucht derzeit noch viel Energie zu dieser Wasserstoffherstellung. Der Wirkungsgrad muss noch deutlich verbessert werden, aber ganz unvorstellbar ist es nicht, die Forscher arbeiten auf Hochtouren. Zudem hätte es den Vorteil, dass an den Flugzeugen und auch an den Treibstoffversorgungsanlagen auf den Flughäfen nichts umgebaut werden müsste. Es können die gleichen Tanks und Tankeinrichtungen verwendet werden.

Die Luftfahrtbranche könnte tatsächlich ein Vorreiter sein. Geplant ist der Beschluss eines globalen CO_2-KOMPENSATIONSSYSTEMS für den Luftverkehr, der in Zukunft die CO_2-Emissionen auf dem Niveau von 2020 halten soll. Damit wäre der Luftverkehr der erste und bislang einzige Industriesektor, der nicht nur ein weltweites Klimaschutzabkommen macht, sondern auch entsprechende Maßnahmen festlegt. Mal schauen, ob es auch umgesetzt werden kann.

Denken Sie dennoch darüber nach, ob das Fliegen wirklich sein muss. Wie schon so oft gesagt, heißt das jetzt nicht, dass Sie NIE wieder fliegen sollen, aber planen Sie bewusst Ihren nächsten Urlaub. Mal campen gehen, eine Radtour machen, wandern gehen oder sich mit Freunden in einem Ferienhaus an der Nordsee treffen, wären Alternativen.

EINE SIEBENTÄGIGE KREUZFAHRTREISE MIT FLUG IM MITTELMEER VERBRAUCHT SO VIEL KOHLENDIOXID, WIE WIR EIGENTLICH IM JAHR PRO PERSON NUR VERBRAUCHEN DÜRFTEN, DAMIT DIE ERDERWÄRMUNG ZUKÜNFTIG AUF 2 GRAD BEGRENZT WIRD.

>>> WEITERE TIPPS FÜR ZU HAUSE

Fangen wir mit dem Briefkasten an, der ist manchmal erstaunlich voll. Aber nicht voll schöner Briefe und Postkarten von der Familie und Freunden, auch nicht voll von Rechnungen und offiziellen Schreiben, sondern voll von nerviger Werbung, die die wenigsten von uns wirklich lesen. Besonders die Mülltrenner unter Ihnen schlagen die Hände über dem Kopf zusammen und ärgern sich doppelt, denn die meisten Werbeprospekte sind zusätzlich in dünne Plastikfolie gepackt. Das heißt, man kann die Werbung nicht einfach in den Müll werfen, sondern man muss die Folie erstmal entfernen und in die gelbe Tonne bringen, dann das Papier in der blauen Tonne verschwinden lassen. Aber ich habe einen einfachen Tipp für Sie: Kleben Sie einfach einen Aufkleber »BITTE KEINE WERBUNG EINWERFEN!« auf Ihren Briefkasten. In der Hoffnung, dass sich der Briefträger daran hält, wird somit Ihr Nervenkostüm geschont und insgesamt Müll reduziert, zugunsten der Umwelt.

Checken Sie mal Ihre VERSICHERUNGEN, auch dort kann man nachhaltiger handeln. Worin investiert Ihre Rentenversicherung das Kapital? Gelangt das Geld in Atomkonzerne, in die Ölindustrie, Rüstung oder Kohlekraftwerke oder unterstützt Ihr Geld bewusst erneuerbare Energien oder ökologische Landwirtschaft? Fragen Sie mal nach Nachhaltigkeitsstandards bei Ihrem Versicherer nach.

Auch bei der Hausratsversicherung haben sich einige Versicherer umweltbewusst umgestellt. Im Schadensfall zahlen sie manchmal mehr, wenn Sie sich für ein Gerät mit höherer Effizienzklasse entscheiden, als für den günstigen umweltunfreundlichen Herd.

Schauen wir aufs Thema SPORTTREIBEN. Viele sind in einem Fitnessstudio angemeldet, gehen aber gar nicht hin. Überlegen Sie mal, ob Ihnen Sport an der frischen Luft besser tun würde – Sie sparen Geld und bewegen sich im Freien, zwei Fliegen könnten so mit einer Klappe geschlagen werden. In unserer heutigen Welt bewegen wir uns viel zu wenig und sind viel zu selten im Freien – Natur und Sauerstoff tun nicht nur dem Körper, sondern auch der Seele gut.

Ich kann es aber verstehen, wenn der ein oder andere sein Fitnessstudio liebt und nutzt, aber klassische Fitnessstudios sind große Stromfresser. Jedoch gibt es auch dort ein Umdenken. Einige Studios haben sinnvoll umgerüstet: Es ist so einfach, denn beim Ausdauersport selbst kann Energie produziert werden. Speziell ausgerüstete Ergo-Geräte erzeugen den Strom für die Anlagen des Fitnessstudios. Auch die Wärmerückgewinnung wird in einigen Studios zum Thema, zudem machen moderne LEDs die Studios umweltfreundlicher. Erkundigen Sie sich und geben Sie ruhig Ratschläge und Tipps, vielleicht ändert sich ja etwas durch Ihre Anregungen.

Noch ein kleiner Fitnesstipp am Rande: Treppensteigen statt Fahrstuhlfahren. Damit sparen Sie Energie ein und halten sich außerhalb eines Fitnessstudios fit. Einige Fitnessuhren zeigen neben dem Kalorienverbrauch auch die Energieeinsparungen an.

Insgesamt kann man seine Freizeitgestaltung emissionsärmer gestalten. Wandern gehen, Radfahren, ein Picknick mit Freunden am See, im Garten rumwerkeln sind vollkommen emissionsfrei. Sich im Urlaub ein Jetski auszuleihen oder mit dem Motorrad unterwegs sein, tun der Umwelt dagegen nicht wirklich gut. Aber wer leidenschaftlicher Motorradfan ist, und ansonsten klimafreundlich lebt, soll das bitte auch bleiben. Obwohl es auch bei den Motorrädern mittlerweile klimafreundlichere Modelle gibt. Denken Sie einfach mal über Ihre Freizeitgestaltung nach und entscheiden Sie bewusst, wie Sie was tun, das ist meine große Bitte.

Wussten Sie eigentlich, dass die Medaillen bei der Olympiade 2020 in Tokio zu 100 % aus recyceltem Material bestehen? Verwertet wurden dabei Millionen alter Handys.

Aber darüber hinaus macht man sich wenig Gedanken über den individuellen CO_2-Fußabdruck: der Besuch eines Museums, Festivals oder einer Galerie vergrößert ihn nicht unerheblich. Vor allem Festivals und Konzerte sind sehr energieaufwendig, der Transport der gesamten Technik, das tägliche Auftreten in einer anderen Stadt. Wenn Sie mal darauf achten, fällt auf, da wird viel auf Kommerz geschaut und nicht auf unser Klima: Heute ein Konzert in Hamburg, morgen in Stuttgart und übermorgen wieder in Hannover. Das ist ganz und gar nicht emissionsarm. Auch bei den staatlichen Museen heißt es Obacht: Zunehmend sind sie auf private Sponsoren angewiesen. Schauen Sie einfach mal, wer da unterstützt: Ist es ein Ölkonzern oder ein umweltfreundliches Unternehmen? Dann können Sie ja entscheiden, ob Sie das durch Ihren Besuch unterstützen oder vielleicht doch fern bleiben. Nichtsdestotrotz sollten hin und wieder Museumsbesuche zu Ihrer Freizeitbeschäftigung gehören, vor allem auch mit Kindern.

Über das GRILLEN im Sommer mit einem Holzkohlegrill haben wahrscheinlich auch die wenigsten von Ihnen nachgedacht. Das kann man mal machen, auch die Feuerschale und das Stockbrot müssen jetzt nicht ganz aus Ihrer Freizeitgestaltung verschwinden, aber da wird Holz verbrannt, das setzt Kohlendioxid frei und das ist nicht umweltfreundlich. Auch der Kamin als Wärmequelle daheim bereitet mir Bauchschmerzen, aber darauf bin ich bereits eingegangen. Eine umweltfreundlichere Variante, die dennoch Atmosphäre in Ihr Wohnzimmer bringt, sind Wandkamine, die mit Bioethanol statt mit Holz betrieben werden.

Damit Sie jetzt so richtig schlechte Laune bekommen, möchte ich noch kurz die Terrassenheizstrahler oder auch HEIZPILZE auf der Terrasse ansprechen. Vor allem auch in Restaurants und Kneipen findet man sie als heimeligen Wärmespender für die kalte Jahreszeit, besonders bei Rauchern ist er sehr beliebt. Aber neben Wärme pumpen diese Heizstrahler bei maximaler Leistung 3,5 Kilogramm Kohlendioxid je Stunde in die Luft. Bei einem 36-Stunden-Betrieb in der Woche kommen jährlich vier Tonnen CO_2 pro Strahler zusammen, das haben Umweltschützer von Greenpeace kalkuliert. Mal zum Vergleich: Das ist so viel wie ein Einfamilienhaus im Jahr an CO_2 im Durchschnitt verbraucht. Zum Glück haben viele Großstädte reagiert: Beispielsweise in Berlin, Stuttgart, Ludwigsburg, Köln, München, Tübingen, Nürnberg und Münster gibt es ein Heizpilze-Verbot, allerdings halten sich nicht alle Restaurantbesitzer daran. Sie nehmen lieber ein Bußgeld in Kauf als eine sinkende Besucherzahl.

Die strombetriebenen Infrarotstrahler sind etwas umweltfreundlicher als die klassischen Heizpilze, die mit Propangas betrieben werden, da sie weniger Strom verbrauchen und damit weniger CO_2 produzieren. Zudem erwärmen sie nicht die Umgebungsluft, sondern erzeugen erst Wärme, wenn sie auf einen Körper treffen. Am umweltschonendsten ist natürlich einfach eine dicke Decke oder ziehen Sie eine Schicht mehr an und trinken Sie einen heißen Tee oder Glühwein, damit tun Sie dem Klima einen großen Gefallen.

Tauschen Sie all Ihre Glühbirnen in LED-LAMPEN um. Für die gleiche Lichtmenge brauchen Sie sage und schreibe 90 % weniger Energie als bei einer klassischen Glühbirne und das läppert sich in einem Haus oder einer Wohnung. Glühbirnen waren eine gute Erfindung als es überhaupt darum ging, Licht zu machen. Aber Glühbirnen produzieren nicht nur Licht, sondern vor allem Wärme. Außerdem haben LEDs eine viel höhere Lebensdauer als Glühbirnen oder auch Leuchtstoffröhren und sie sind schaltfest, wie der Fachmann sagt. Das bedeutet, häufiges An- und Ausschalten schadet ihnen kaum. Somit lohnt es sich auf alle Fälle, ältere Lampen zu ersetzen, damit sparen Sie nicht nur Energie, sondern auch Kosten – auch wenn im Moment der Anschaffungspreis noch höher ist als bei Glühbirnen. Früher war das Licht von LED-Lampen kalt und nicht für alle Räume angenehm. Mittlerweile gibt es Filter, Streuscheiben und jegliche Art von Gewinden, sodass sie sehr vielfältig einsetzbar sind.

Auch die Straßenbeleuchtung in Städten sollte auf LED umgestellt werden: 70 % weniger Strom würde verbraucht werden und die Wartungskosten fallen geringer aus.

TREPPENSTEIGEN STATT FAHRSTUHLFAHREN. DAMIT SPAREN SIE ENERGIE EIN UND HALTEN SICH AUSSERHALB EINES FITNESSSTUDIOS FIT. EINIGE FITNESSUHREN ZEIGEN NEBEN DEM KALORIENVERBRAUCH AUCH DIE ENERGIE-EINSPARUNGEN AN.

TIERE, NATUR UND GARTEN

›››

>>> FAIRE TIERHALTUNG

Wer findet ein kleines Kälbchen nicht süß. Meine Kinder wollen immer gleich jedes Mini-Baby-Tier adoptieren und keinesfalls als Mittagessen serviert bekommen und ein bisschen verstehen kann ich das auch. Aber die meisten von uns sind nun mal keine Vegetarier und das ist auch gut so. Allerdings, wenn man manche Massentierhaltungsbilder im Fernsehen sieht, vergeht einem der Appetit.

Und ja, faire Tierhaltung hat nicht direkt etwas mit dem Klimawandel zu tun, aber mit unserem Ökosystem und unserem Bewusstsein der Umwelt gegenüber und beides ist wichtig und schärft unser Empfinden Mutter Erde gegenüber.

Deshalb möchte ich mich auch diesem Thema kurz widmen.

Für viele Deutsche ist ARTGERECHTE TIERHALTUNG von Bedeutung, das ergab eine Umfrage des Landwirtschaftsministeriums. Dort haben 89 % der Befragten angegeben, dass ihnen tiergerechte Haltung »wichtig« oder sogar »sehr wichtig« ist.

Zwar gibt es hier in Deutschland ein Tierschutzgesetz, was dafür verantwortlich ist, dass es unseren Tieren im privaten und in der Landwirtschaft gut geht. Bei der Haltung, Züchtung, medizinischen Versorgung, beim Transport und der Schlachtung muss auf gesetzliche Vorgaben vom Staat geachtet werden. Sie zielen darauf ab, dass es den Tieren gut geht, sie gutes Futter bekommen und unnötiges Leid, Tierseuchen sowie Umweltbelastungen vermieden werden.

Aber wir essen alle eine ganze Menge Fleisch und Wurst sowie Milch, Eier und andere tierische Lebensmittel und das kann nur mit Massentierhaltung bereitgestellt werden. Außerdem steigt die Zunahme des internationalen Handels und auch die weltweite Nachfrage nach Fleisch, Milch und Eiern nimmt zu. Dieser wachsende »Bedarf« kann nicht durch Biohöfe abgedeckt werden, denn gerade mal 1 % Marktanteil machen Bio- und Neulandfleisch derzeit aus.

Wenn Sie jetzt einen Biobauernhof mit freilaufenden Rindern auf großflächigen Weiden und »glücklichen« Hühnern vor sich sehen, muss ich Sie leider enttäuschen. Die Richtlinien für das EU-Biofleisch sind zwar deutlich höher als die gesetzlichen Vorgaben, dennoch gibt es vor allem in der Hühner- und Eierproduktion auch auf Biohöfen Massenbetrieb. Die Tiere auf den Biohöfen haben aber auf alle Fälle mehr Auslauf, Tageslicht in den Ställen, absolute Strohlagerung und einheimische, gentechnikfreie Futtermittel. Es besteht aber noch Verbesserungsbedarf.

Ihr Beitrag könnte sein, etwas weniger Fleisch und Wurst zu essen. Und mein zweiter Tipp: Wenn Sie Wurst oder Fleisch kaufen, nehmen Sie etwas mehr Geld in die Hand und kaufen Sie die Bio- oder Neulandangebote, die natürlich etwas teurer sind, als massenweise produziertes Fleisch, aber meist auch besser schmecken. Der höhere Preis hat unter anderem damit zu tun, dass für den Biobauern höhere Kosten entstehen, die er allein nicht tragen kann, sondern diese auf die Verbraucher umlegen muss.

Man sollte beim Kauf auch auf die Gütesiegel achten: Es gibt verschiedenste Gütesiegel in diesem Bereich. Eines davon hat der Deutsche Tierschutzbund entwickelt. Auf den Produkten sind dabei Label mit »EINSTIEGSSTUFE« oder mit »PREMIUMSTUFE« zu finden. Das sind neue Zertifizierungen, die die Tierhaltung in der Massenproduktion positiv beeinflussen sollen. Dabei geht es vor allem um natürliche Verhaltensweisen, das Wohlbefinden und die Gesundheit der Tiere.

Die Politik möchte 2020 endlich die seit langem geplante STAATLICHE TIERWOHLKENNZEICHNUNG zügig auf den Weg bringen. Das soll die Verwirrung der verschiedenen Siegel für den Verbraucher beseitigen. Zudem sollen die gesetzlichen Vorschriften für alle Tiere gelten, derzeit fallen Puten, Milchkühe und Mastrinder durchs Raster und insgesamt sollen zum Wohle der Tiere die Kriterien deutlich über den bisherigen gesetzlichen Vorgaben liegen. Es besteht also Hoffnung.

ESSEN SIE MIT BEDACHT FLEISCH SOWIE MILCHPRODUKTE UND UNTERSTÜTZEN SIE BIOBAUERNHÖFE.

>>> DAS GROSSE BIENENSTERBEN

Die markantesten Auswirkungen des Klimawandels sind die steigenden Temperaturen. Dabei sind kleinere Temperaturschwankungen für uns Menschen unangenehm, aber für einige Tiere schon recht schnell lebensbedrohlich. Dazu gehören zum Beispiel die BIENEN.

Wussten Sie, dass in Deutschland rund 550 verschiedene Bienenarten leben? Den größten Anteil davon übernehmen die sogenannten solitären Bienen. Sie leben nicht in großen Bienenstaaten, wie wir es von der Honigbiene kennen. Bei den solitären Bienen legen Bienenweibchen mehrere Nester an und versorgen ihre Nachkommen allein. Sie leben nur wenige Wochen und versuchen sich dabei so viel wie möglich fortzupflanzen und ihren Nachwuchs so gut es geht, mit Proviant zu versorgen, sodass gesunde Nachkommen entstehen. Dabei sind sie allerdings sehr anfällig, weil sie auf bestimmte Blütenpollen angewiesen sind. Durch die insgesamt zunehmend milder werdenden Winter schlüpfen die Bienen zum Teil früher als es Nahrung gibt. Passende Pflanzen erblühen nicht unbedingt zeitgleich mit dem Schlüpfen der solitären Bienen. Das Timing ist hier extrem wichtig, wichtiger als in großen Bienenvölkern, denn wenn die Jungbienen nur wenige Tage ohne Nahrung sind, schaffen sie es nicht zu überleben oder werden weniger aktiv und produzieren eine kleinere Anzahl an Nachkommen – es ist nachgewiesen: Die Bienenzahl in Deutschland sinkt.

Aber der Klimawandel verursacht nicht nur längere milde Winterperioden und den verfrühten Frühling, samt früherer Blüte- beziehungsweise Schlüpfzeiten. Es treten auch längere und häufigere DÜRREPERIODEN auf, die sich in der Natur durch schlechteres Wachstum der Pflanzen und weniger Blüten bemerkbar machen. Auch extremes Wetter wie Hagel macht so einige Ernten der Obstplantagen kaputt. Und die plötzlichen immer extremeren Temperaturschwankungen insgesamt machen unseren Bienen zu schaffen. Dazu kommt der Mensch, der in der Landwirtschaft zunehmend auf den Anbau von MONOKULTUREN setzt und immer häufiger Pestizide benutzt. Die Kombination aus allem macht es den Bienen schwer und führt in einigen Teilen der Welt zu extremem BIENENSTERBEN. Vor allem die USA sind davon betroffen: Von 2006 bis 2007 sollen dort 75 % der Bienenvölker gestorben sein. In Deutschland waren es innerhalb von vier Jahren etwa 13 %. Kanada und Großbritannien dagegen haben kaum mit Bienensterben zu kämpfen.

Viele Bienenstöcke sind zudem anfälliger gegenüber Krankheiten. Bienen brauchen eine vielseitige Ernährung, um widerstandsfähig gegen Krankheitserreger zu sein. Die einseitig angepflanzten Nutzpflanzen auf unseren Feldern blühen, aber nur kurz und unsere Bienen müssen Hunger leiden. Zwar lieben die Bestäuber ein großes, gelbes, saftiges Rapsfeld, aber es sind Monokulturen und somit eine einseitige Ernährung.

Daneben beeinflusst der Einsatz von chemischen Düngemitteln das Nervensystem der Bienen. Sie verlieren ihren natürlichen Orientierungssinn und finden keine Nahrung mehr für sich und ihre Nachkommen. Die Tiere sind geschwächt und so haben Feinde, wie die Varroamilbe, ein Parasit, leichtes Spiel und löschen ganze Bienenvölker aus.

Das Bienensterben schädigt auch unser Ökosystem. Fast 80 % aller Nutz- und Wildpflanzen werden von der Westlichen Honigbiene bestäubt. Die restlichen 20 % übernehmen Hummeln, Fliegen, solitäre Wildbienen, Motten, Käfer, Schmetterlinge und andere Insekten. Das heißt, wenn die Biene ausstirbt, können andere Insekten deren Aufgabe nicht übernehmen. Die Quantität und Qualität unserer Früchte wird damit stark beeinträchtigt. Es kommt zu Ernteeinbußen zum Beispiel bei Äpfeln, Orangen, Melonen, Gurken und Nüssen und es gibt natürlich weniger Honig. In einigen Regionen Chinas bestäuben mittlerweile Menschen mit Pinseln die Obstbaumplantagen, weil es nicht genug Bienen gibt. Ein internationales Team der University of New England in Australien hat auf der ganzen Welt Feldversuche mit Bienen, aber auch anderen Bestäubern gestartet und dabei herausgefunden, dass die Westliche Honigbiene am effektivsten ihre Arbeit macht. Aber andere Insekten können gut mithalten, weil sie mehr verschiedene Blüten ansteuern und über die »Gesamtleistung« gesehen ähnliche Arbeit leisten. Wussten Sie, dass eine Biene am Tag etwa 2000 Blüten anfliegt? Wirklich fleißig sind unsere kleinen emsigen Bienchen. Allerdings sind die anderen wildlebenden Bestäuber eher eine Ergänzung als ein Ersatz für unsere

Biene. Aber sie sind deutlich unempfindlicher und robuster, somit gegen Feinde wie mildere Winter, Monokulturen und Pestizide besser gewappnet. Die Vielfalt und Erhaltung von allen Blütenbestäubern ist die beste Lösung für die Natur und uns Menschen in Bezug auf die Erträge der Obstplantagen.

Was können wir selbst nun tun? Kaufen Sie regional angebautes Obst und Gemüse und zum Beispiel »PROPLANET«-PRODUKTE: Das sind Lebensmittel, bei denen auf positiv ökologische und soziale Eigenschaften beim Anbau und der Herstellung geachtet wird. Sie schützen und unterstützen damit die Artenvielfalt.

Zudem lassen Sie Ihre Wiese im Garten mal Wiese sein. Das ist für die Insekten viel schöner, als der kurzgemähte Golfrasen. Sie sparen Zeit, weil Sie das Grün ruhig mal wachsen lassen können und für unsere Bestäuber ist es ein Festmahl, die verschiedenen Blüten zu verputzen.

Außerdem können Sie auf dem Balkon oder im Garten eine richtige Wildblumenwiese aussähen oder anpflanzen. Zum Beispiel eine Mischung aus Steinkraut, Sonnenblumen, Vergissmeinnicht, Glockenblumen, Herbstastern, Malven und Lavendel. Und natürlich gefällt den Bienen auch ein Kräutergarten, beispielsweise bestehend aus Salbei, Minze, Oregano, Thymian, Zitronenmelisse, Basilikum und Schnittlauch. Damit können Sie wunderbar frisch kochen – reiben Sie mal Ihre Finger an einen frischen Blatt Minze und riechen Sie daran, das ist wie Urlaub. Aber schneiden Sie bitte nicht alle Kräuter bis aus den letzten Halm ab, sondern lassen Sie auch immer noch etwas für die Bienen übrig.

Eine weitere Idee: Eine bunte Vielfalt an Pflanzen im Garten pflanzen. In bestimmten Gartenbereichen und am Rand von Feldern und Beeten können Sie die wild wachsenden Pflanzen stehen lassen und nicht alles als Unkraut abtun und sofort beseitigen.

Außerdem können Sie NISTHILFEN für Bienen und andere Bestäuber im Garten anlegen, indem Sie ein Bienenhotel bauen. Dafür muss man in die Mitte einer Baumscheibe ein Loch bohren und darin einen wabenförmigen Ziegel-Steinbruch setzen (Fragen Sie ruhig in Ihrem Gartencenter nach). Den Rest des Loches mit verschiedenen Gräsern füllen und das Ganze an einem geschützten Ort im Garten aufhängen. Ein größeres Hotel kann den Bienen sogar als Winterquartier dienen.

Im Gartencenter bekommt man zudem Lockstoffe, um möglichst viele Bienen anzulocken.

Pflanzen Sie bienenfreundliche Bäume wie Sauerkirsche, Quitten, Birnen- oder Apfelbäume. Das gleiche gilt für Obstsorten wie Erdbeeren oder Brombeeren. Gehölze wie Haselnuss und Kastanie sind sehr nektarreich.

Zudem sollten Sie Honig nur direkt beim Imker oder auf dem Wochenmarkt an Imkerständen kaufen. Dabei achten Sie bitte darauf, Ihr Honigglas, bevor Sie es zurückgeben, richtig auszuwaschen, damit keine Krankheitserreger zurückbleiben. Streichen Sie Ihren Honig mit Bedacht auf das Sonntagsbrötchen, denn für 500 Gramm Honig fliegt eine Biene dreimal um den ganzen Globus.

Benutzen Sie im Garten wenn möglich keine Insektizide gegen Schädlinge, vor allem keine chemischen. Sie töten nämlich nicht nur die nervigen Schädlinge, sondern auch so einige Insekten.

PFLANZEN SIE EINEN BAUM ODER VERSCHENKEN SIE EINEN. DAMIT BINDEN WIR CO_2 UND TUN DER NATUR ETWAS GUTES.

>>> WIE WAR DAS MIT DEM WALDSTERBEN?

Vom Waldsterben hat bestimmt jeder von Ihnen etwas gehört. Ab Mitte der 1970er Jahre beobachtete man in Mitteleuropa, dass mehr und mehr Bäume Schäden aufwiesen. Baumkronen lichteten sich, Blätter fielen früher als gewöhnlich, kleinere und weniger Blätter entwickelten sich, das Wachstum insgesamt war gehemmt und so bildeten sich auch weniger Verzweigungen in den Bäumen. Das Wurzelsystem der Bäume zeigte Schäden, Feinwurzeln starben ab und das von Jahr zu Jahr mehr. Die Förster machten sich zunehmend Gedanken, denn die Wälder sahen nicht nur langsam schlechter aus, die Fachleute hatten die Befürchtung, dass sie komplett kaputt gehen könnten. Anfang 1980 wurde das erste Mal von »Waldsterben« gesprochen und im Jahre 1984 gab es den ersten Waldschadensbericht. Aufgrund starker Proteste von uns Bürgern (Zehntausende gingen im Westen Deutschlands auf die Straßen) und vieler Aktionen von Umweltorganisationen passierte etwas. Die Politik ergriff damals mittel- und langfristigste Maßnahmen, sodass sich unsere Wälder recht gut erholen konnten. Entgegen Lobbyisten wurden PKW-KATALYSATOREN eingeführt und verbleites Benzin verboten, Wälder wurden anders gedüngt. Und vor allem wurden Kraftwerke und Industrieanlagen entschwefelt und entstickt. Denn besonders der Ausstoß von Schwefeldioxid war damals die Ursache des Waldsterbens. Er machte sauren Regen, der die Wälder erkranken ließ. Normalerweise hat reines Regenwasser einen pH-Wert von rund 5,6. Bei saurem Regen liegt der Wert bei 4,2–4,8 – also deutlich niedriger. Hauptursache ist die Luftverschmutzung, vor allem säurebildende Abgase. Auch auf natürlichem Wege kann sich saurer Regen bilden, z. B. bei Vulkanausbrüchen. In den 1980er Jahren merkte man aber schnell, dass das nicht die Ursache für das Waldsterben in Europa sein konnte.

Aber die rasch umgesetzten Maßnahmen brachten etwas. Die Landesanstalt für Umwelt Baden-Württemberg konnte vermelden, dass sich die SO_2-Emissionen von 334 000 Tonnen 1973 auf 58 000 Tonnen 1995 reduzieren ließen. In den alten Bundesländern lagen laut dem Bundesumweltamt 1997 schon 1994 die SO_2-Emissionen um 76 % niedriger als noch 1970. Man sieht, Aktionen und Proteste können so einiges bewirken, das merkt man ja auch heute an den »FRIDAYS FOR FUTURE«-Demonstrationen, Beharrlichkeit zahlt sich meistens aus.

In den 1980er Jahren kamen den Wäldern zudem die Verbote der FCKWs zugute. Denn auch Ozon macht unsere Bäume krank.

Alle Maßnahmen, die damals ergriffen wurden, waren gut für unser Klima. Katalysatoren, bleifreies Benzin und weniger Schwefeldioxid aus der Industrie und aus Kraftwerken mussten sowieso weichen. Außerdem wurde das Umweltbewusstsein in Westdeutschland damals schon geschärft, auch wenn das später vorübergehend deutlich abebbte.

Leider muss man heute wieder mit Sorge auf unsere Wälder schauen, denn es geht ihnen nicht gut. Nicht wegen des sauren Regens wie in den 1980er Jahren, sondern wegen des KLIMAWANDELS. Zwar kommen die meisten Bäume mit Temperaturen bis zu 40 Grad recht gut zurecht, aber mit der Hitze steigen auch die OZONWERTE und das Ozon macht den Bäumen deutlich zu schaffen. Die Ozonmoleküle dringen in die Pflanzen ein und beeinträchtigen das Pflanzenwachstum. Das sieht man zunehmend, auch in den Mischwäldern, die sonst als sehr robust und unanfällig gelten.

Außerdem machen vor allem die anhaltenden DÜRREPHASEN unseren Wäldern zu schaffen. Sogar Buchen, die sehr robust sind, werfen ihr Laub ab und drohen abzusterben, das sieht man vor allem seit der Dürre 2018 und 2019. Die Dürreperioden beider Sommer waren so heftig wie seit dem Zweiten Weltkrieg nicht mehr, denn eigentlich hat die Dürre nie aufgehört. Wälder und landwirtschaftliche Nutzflächen konnten sich kaum noch erholen. Trockenheit kommt hierzulande zwar immer schon mal vor und verursacht Kosten in Millionenhöhe, aber die Intensität und Länge nimmt neue Dimensionen an. Man unterscheidet drei Dürrearten. Zunächst gibt es die METEOROLOGISCHE DÜRRE, das heißt es regnet einfach weniger als normal. Dann folgt die AGRARISCHE DÜRRE, das bedeutet der Boden ist trockener als das normalerweise der Fall ist. Dann schließt sich die HYDROLOGISCHE

TROCKENHEIT an. Damit fallen Wasserstände der Flüsse und das führt zu großen volkswirtschaftlichen Schäden, zudem sind auch tiefere Schichten des Bodens von der Trockenheit betroffen. Die meteorologische Dürre haben wir in einigen Landesteilen Deutschlands schon seit Februar 2018 und sie hielt im September 2019 immer noch an.

Zwar gab es auch in den vergangenen Jahrtausenden immer wieder Klimaschwankungen, aber der Mensch beschleunigt den Prozess so sehr, dass die Pflanzen keine Chance der Anpassung haben. Unserer Vegetation geht es mit dem Temperaturanstieg und dem veränderten Klima einfach zu schnell.

Besonders die MONOKULTUREN sind anfällig. Das Anpflanzen von Wäldern von ein und dergleichen Sorte war und ist keine gute Idee. Ein Viertel der deutschen Wälder sind Monokulturen, insgesamt sind das gut drei Millionen Hektar. Diese Wälder sind anfällig, vor allem schnellwachsende NADELBÄUME. Durch wenig Artenvielfalt und die Trockenheit haben es Schädlinge besonders leicht. Die FICHTEN leiden darunter mit am meisten, bei ihnen wütet zum Beispiel der BORKENKÄFER. Ein Baum kann von diesen Krabbeltieren in sechs bis acht Wochen kahlgefressen werden. Damit ist der Baum dann so geschädigt, dass er abstirbt. Vor allem Tschechien leidet sehr unter dem Borkenkäfer. Riesige, zig Hektar große Flächen hat der Schädling kahlgefressen. Die tschechische Regierung unterstützt mittlerweile die Wiederaufforstung ordentlich. Das bedeutet in diesem Falle, dass deutlich mehr Laubbäume gesetzt werden, da sie deutlich unanfälliger für Schädlinge sind.

Auch PILZERKRANKUNGEN machen einigen Baumarten ordentlich zu schaffen, wie beispielsweise der ULME oder dem AHORN.

Zudem vertrocknen vor allem Flachwurzler wie die BIRKE einfach. Jungpflanzen können im Frühjahr durch die tief ausgetrockneten Böden nicht anwachsen und sich entfalten.

Eine weitere Ursache für den schlechten Zustand des Waldes liegt im ÜBERDÜNGEN unserer Wälder und dem BEWIRTSCHAFTEN. Die Böden sind ausgedörrt, die Bäume wachsen schlechter, Trockenheit dazu lässt die Lage weiter verschlechtern.

Außerdem kommen stärkere und häufigere Stürme dazu. Der Klimawandel bringt extremes Wetter mit sich, so auch heftigere Stürme, unter denen die Wälder leiden. Starke Stürme lassen die Schäden in den letzten Jahren in die Milliarden gehen.

Somit sind die Herausforderungen zum Schutz unserer Wälder sehr komplex: Schädlinge, ausgelaugte Böden, Ozon, Trockenheit und Stürme müssen berücksichtigt werden.

Der Bund für Umwelt und Naturschutz Deutschland (BUND) fordert umfassende, intelligente, mehrschichtige Maßnahmen. Unter anderem ist es wichtig wieder mehr Laubmischwälder anzupflanzen und langfristig 10 % der Wälder in Deutschland als Naturwälder zu deklarieren, die nicht bewirtschaftet werden dürfen. Im Moment sind es gerade mal 2,6 %. Die Monokulturen der Nadelgehölze müssen reduziert werden.

Um einen Wald möglichst widerstandsfähig zu bekommen, müssen die Bestände so gut es geht geschlossen gehalten werden. So kann ein typisch feucht-kühles Waldklima erhalten bleiben. Viele Wälder werden bewirtschaftet und damit gelichtet, es entstehen Freiflächen, die den Wäldern nicht gut tun. Er kann nicht natürlich wachsen und sich entwickeln. Wälder sind keine Plantagen, sondern sollten möglichst naturnah genutzt werden.

Außerdem muss es wieder mehr Förster geben, in den vergangenen 25 Jahren wurde die Hälfte der Försterstellen nicht neu besetzt. Gerade bei Schädlingsbefall oder heftigen Stürmen ist derzeit nicht genug Personal da, um das Holz rechtzeitig aus den Wäldern zu holen.

Auch in die Forschung wird zu wenig Geld gesteckt. Das Hintergrundwissen, wie sich der Klimawandel auf unsere Wälder auswirken könnte, ist zu gering. Welche Baumarten sind resistent, welche wandern auf natürlichem Weg in welche Richtung? Wie passen sich die heimischen Baumarten an?

››› UNSERE WÄLDER SIND SO WICHTIG

Wenn man die Treibhausgaskonzentration in der Atmosphäre reduzieren möchte, geht das zum einen durch die Reduktion der vom Menschen verursachten Emissionen, zum anderen durch Entfernen des vorhandenen Kohlendioxids aus der Atmosphäre. Damit ist gemeint, dass Kohlenstoff über Jahrzehnte, besser noch über Jahrhunderte gebunden oder eingelagert wird. Das passiert natürlich auch schon jetzt. Hier mal ein paar Zahlen: Der Mensch emittiert etwa 36 Milliarden Tonnen Kohlendioxid im Jahr. Insgesamt gibt es auf der Erde 850 Milliarden Tonnen CO_2, aber das wussten wahrscheinlich die wenigsten von Ihnen: In unseren Wäldern sind 870 Milliarden Tonnen Kohlendioxid gebunden, weitere Milliarden stecken in der Erde, in Kohle, Erdgas und Erdöl. Je mehr Bäume es auf der Erde gibt, desto mehr Treibhausgase können gebunden werden. Einer Studie der Technischen Hochschule Zürich zufolge könnte man durch weltweite Aufforstung den Klimawandel sehr effektiv bekämpfen. Mit mehr Bäumen auf der Erde stehen die Chancen gut, das 1,5-Grad-Ziel des WELTKLIMARATS bei der Erderwärmung noch zu erreichen. Die Erde könnte ein Drittel mehr Wälder vertragen, ohne dass Städte oder Agrarflächen beeinträchtigt würden. Vor allem Gebiete, die wir selbst zerstört haben, sollen wieder aufgeforstet werden. Zwei Drittel der durch den Menschen verursachten Emissionen könnten so durch AUFFORSTUNG aufgenommen werden. Der Effekt, dass die Pflanzen den Kohlenstoff aufnehmen wird sofort sichtbar, aber das ganze Potential zeigt sich erst nach einigen Jahrzehnten. Derzeit ist die Erde mit 2,8 Milliarden Hektar Wald bedeckt. Zusätzlich könnten, so die Forscher, 900 MILLIONEN HEKTAR neu bepflanzt werden. Platz für mehr Wald sehen die Experten vor allem in Russland, aber in anderen Regionen, auch in Industrieländern, gäbe es genug Fläche, um neue Bäume zu pflanzen. Dabei geht es nicht um Monokulturen, die schnell wachsen, um möglichst viel Kohlenstoff aufzunehmen, sondern es soll natürlicher Wald entstehen. Es ist wichtig, die natürliche Artenvielfalt wieder herzustellen und es soll nur gepflanzt werden, was in die jeweilige Region passt. Die neuaufgeforsteten Wälder verbessern wieder die Boden- und Wasserqualität, schaffen neuen Lebensraum, unter anderem für bestäubende Tierarten, liefern Nahrung und Heilpflanzen. AUFFORSTUNG ist somit zwar nicht die alleinige Lösung, aber sie verschafft uns Zeit, unsere Gewohnheiten zu ändern und schlecht ist sie auf keinen Fall. Der beste Klimaretter ist damit unter anderem die NATUR selbst. Von ihr können wir uns viel abschauen. In der Natur gibt es selten Einbahnstraßen, hier dominieren Kreisverkehre. Dinge kommen und gehen. Ein Baum wächst, schlägt Wurzeln, speichert CO_2, wirft Blätter ab, die werden zu Humus, der dem Boden wieder gut tut und ihn fruchtbar macht, dadurch wächst der Baum wieder besser, das Ganze ist abfallfrei und ein Kreislauf. Wir Menschen dagegen streben oft nach Fortschritt, Entwicklung, mehr Reichtum und Macht. Dafür gehen wir zum Teil über Leichen, es geht meist auf Kosten anderer. Das ist leider häufig auch die Natur: Artensterben, verdreckte Meere, Plastikmüll in Massen, geschädigte Landschaften, Vermehrung von Schädlingen, Abholzen der Regenwälder, durch Abschmelzen der Pole und Gletscher verlorener Lebensraum für Pflanzen und Tiere – diese Liste könnte man noch länger fortführen.

Also pflanzen Sie einen Baum oder verschenken Sie ein kleines Bäumchen. Damit tun Sie auf alle Fälle etwas Gutes und Schatten spendet Ihr Baum außerdem, was in den zunehmend wärmer werdenden Sommern oft sehr angenehm ist.

Wussten Sie, auch wenn der Baum irgendwann gefällt wird und daraus ein Schrank entsteht, der Kohlenstoff weiter darin gebunden bleibt? Wenn die Blattmasse verrottet und in den Boden übergeht, auch da bleibt das CO_2 gebunden. Nur Verbrennen von Holz und Blättern wäre schlecht, dann wird der Kohlenstoff wieder an die Luft abgegeben. Bäume mit mehr Blattmasse speichern dabei mehr KOHLENDIOXID als Bäume mit eher wenigen Blättern. Auch einige Nadelgehölze sollte man nicht unterschätzen, zum Beispiel die Eibe. Sie hat eine sehr große Blattmasse, teils mehr als gleich große Laubbäume, obwohl man es ihr nicht ansieht, weil sie ein Nadelgewächs ist. Insgesamt spüren wir bei den Bäumen den Klimawandel immer erst verzögert. Nach ein bis zwei Vegetationsperioden sehen wir bei Bäumen Auswirkungen von beispielsweise Extremwetterereignissen in Form kleinerer Blätter oder abgestorbener Äste und Zweige. Besonders Flachwurzler mit hohem Wasserbedarf haben mit den zunehmenden Dürreperioden zu kämpfen. Sie können sich schlechter auf die neuen Lebensbedingungen einstellen.

Wälder wandern etwa 100 Meter pro Jahr, das ist völlig normal. Nach der letzten Eiszeit in Europa verlagerte zum Beispiel die Eiche ihren Lebensraum aus Südeuropa zu uns, am Mittelmeer wurde es ihr zu trocken und zu warm. Das heißt, Bäume, die am Ende der Eiszeit in Südeuropa heimisch waren, sind jetzt rund 1000 Kilometer nördlich bei uns zu finden. In diesem Tempo können sich die Bäume gesund wandern, ihren optimalen Lebensraum finden. Sie haben genügend Zeit, sich den neuen Bedingungen anzupassen. Der aktuelle Klimawandel allerdings geht der Natur zu schnell. Die klimatischen Veränderungen überfordern die Pflanzen, sie bekommen Stress, schaffen es nicht so schnell zu wandern, sind geschwächt, anfälliger für Schädlinge und sterben aus. Auch wandern Pflanzen- und Tierarten in unterschiedlichen Geschwindigkeiten und werden jetzt durch den enorm schnellen Klimawandel auseinandergerissen. Die Aussterberate steigt enorm an, ganze Arten gehen verloren, weil kein Lebensraum mehr für sie da ist. Dadurch werden Teile des Ökosystems durcheinander gebracht, denn die Prozesse in der Flora und Fauna sind sehr komplex. In der Natur gibt es viele Kreisläufe, Symbiosen, Nahrungsketten und Lebensgemeinschaften, die voneinander abhängig sind, es ist ein Geben und Nehmen und die Natur ist erstaunlich anpassungsfähig und vital, wenn wir sie nicht überfordern.

››› DER TROPISCHE REGENWALD

Schauen wir nun auf unsere tropischen Regenwälder, auch Primärwälder genannt. Sie sind insgesamt unser größtes Gut auf dem Planeten. Durch ihre Vielfältigkeit und vielen Stockwerke werden hier etwa 300 Milliarden Tonnen KOHLENSTOFF gebunden. Deshalb ist ihre Rodung trotz teils mittlerweile nachhaltigen Waldmanagements besonders schlecht. Der Regenwald schafft sein eigenes Klima. Die Unmengen Pflanzen verdunsten viel Feuchtigkeit. Dadurch bilden sich Wolken, die wiederum die Pflanzen mit Wasser durch Regen versorgen, ein in sich geschlossenes System. Wird das durch ABHOLZUNG kaputt gemacht, kommt es zur raschen Versteppung der Regionen. In Ländern wie Indonesien, Burma, Thailand, Sumatra, Borneo, Philippinen, Brasilien Somalia, Kenia, Madagaskar und Saudi-Arabien sind mittlerweile 90 % der ursprünglichen Bewaldung verschwunden. Durch die Abholzung der Wälder kommt es lokal zu extremen Auswirkungen im Klima, zudem zu stärkerer Bodenerosion. Der Regen kann nicht länger im Waldboden gespeichert werden, sondern schwemmt die wertvolle Humusschicht weg. Durch künstlich bewässerte Felder versalzen die Böden und sind irgendwann unbrauchbar. Auch ÜBERWEIDUNG trocknet die Böden aus und verstärkt die Bodenerosion.

2015 wurde der weltweite Baumbestand auf drei Billionen geschätzt, aber jedes Jahr werden 15 Milliarden Bäume gefällt. Seit Beginn der Landwirtschaft ist die Zahl der Bäume weltweit um 46 % zurückgegangen. Vor allem die BRANDRODUNG und die RODUNG IN MOORGEBIETEN schaden unserer Umwelt, da beträchtliche Mengen Kohlenstoff aus den Waldböden freigesetzt werden. Wird Wald in Acker- oder Weideland umgewandelt, sinkt der Kohlenstoffgehalt des Bodens um schätzungsweise 20 bis 40 %. Würden dagegen die Kahlschläge gestoppt und die Waldressourcen wiederhergestellt, könnte damit ein Drittel der globalen Kohlendioxidemissionen kompensiert werden. Die Wälder zu schützen, hat noch weitere Vorteile. Sie können außer Holz, Fleisch von Jagdwild, Biomasse und Tierfutter bringen. Wilde Insekten bestäuben unzählige Pflanzen, Vögel, Fledermäuse und andere Tiere dienen als Schädlingsbekämpfung. Es werden gewaltige Mengen Sauerstoff produziert. Heute liegt der Sauerstoffgehalt unserer Atmosphäre bei knapp 21 %. Wussten Sie, dass das vor rund 300 Millionen Jahren noch rund 30 % waren? Etwa 70 bis 80 % des Sauerstoffs in unserer Luft werden vom Plankton in unseren Ozeanen produziert. Solange die Meere intakt bleiben, geht uns der Sauerstoff nicht aus.

Die tropischen Wälder dienen außerdem als Quelle für Genmaterial, aus dem sich neue Medikamente entwickeln lassen. Ein Viertel aller Medikamente werden aus medizinisch wirksamen Pflanzen entwickelt oder basieren auf traditioneller Anwendung bestimmter Wildpflanzen.

Allerdings kann man auch verstehen, dass Menschen, die unter extremer materieller Not leiden und durch das Roden von Wäldern Landwirtschaft betreiben können, kein Verständnis für den Waldschutz aufbringen, da sie ums blanke Überleben kämpfen. Hier wäre sinnvolle, nachhaltige Entwicklungshilfe angebracht. Um Wälder wirkungsvoll schützen zu können, müssen die Menschen besser über die ökologischen Zusammenhänge und die Gefahren der globalen Erwärmung informiert werden. Die Politik muss handeln und vor allem auch Korruption unterbinden, sowohl im Amazonas, in Brasilien, auf Borneo, in Indonesien als auch in Afrika.

Wenn überall der tropische Regenwald, unsere grüne Lunge des Planeten, kaputt gemacht wird, bricht irgendwann das ganze Ökosystem zusammen.

In Brasilien ist immerhin in den letzten Jahrzehnten etwas passiert, die Abholzung geht zurück, das Waldmanagement funktioniert besser. Man mag es kaum glauben, aber vor allem Norwegen setzt sich für die tropischen Regenwälder und deren Waldschutz sehr engagiert ein und investiert viel Geld. Diesem Vorbild sollten viele Staaten folgen, denn wenn die Abholzung so weiter geht wie bisher, sind die Regenwälder in 40 Jahren verschwunden. Auch wenn im Moment noch große Flächen des tropischen Regenwaldes abgeholzt werden, bindet nachwachsender tropischer Wald jedes Jahr sechs Gigatonnen Kohlendioxid, das entspricht 11 % der jährlichen Treibhausgasemissionen weltweit, es könnte aber viel mehr sein.

Überlegen Sie genau, ob es der Teakholzschrank sein muss und das Palmöl von Plantagen aus dem Regenwald. Damit können Sie Ihren Beitrag für die Regenwälder leisten.

Kommen wir nochmal zum deutschen Wald zurück. Dort gibt es die Grundregel: Es darf nicht mehr abgeholzt werden, als nachwächst. Rund 120 Millionen Kubikmeter Holz wachsen in deutschen Wäldern im Jahr nach. Geschlagen wurden laut Statistik 2017 53 Millionen Kubikmeter. Deutschland darf sich als Vorbild in Sachen Waldmanagement rühmen. Unsere Waldbauern machen da vieles richtig, auch wenn es durch den Klimawandel, vor allem aufgrund der Trockenheit, der Stürme und Ausbreitung von Schädlingen nicht leicht ist. Besonders Fichten, Kiefern und Eichen haben es im Moment schwer.

Etwa 20 % der geschlagenen Bäume werden energetisch genutzt, das heißt größtenteils verbrannt. Der Löwenanteil der Waldernte geht aber in die Bauwirtschaft: Möbelbau sowie die Papier- und Zellstoffindustrie. Und das könnte/ sollte noch mehr werden. Wir würden uns selbst einen großen Gefallen tun, wenn wir wieder mehr mit natürlichen Rohstoffen wie Holz bauen. Das ist zum einen gesünder, zudem bleibt der Kohlenstoff im Holz gebunden. Zudem reduzieren wir die Herstellung von Beton, Zement und vielen weiteren unnatürlichen, schwer abbaubaren Materialien. Natürlich braucht man für ein Haus ein Fundament und das muss stabil und aus Zement sein. Aber die Hauswände können auch gut wieder mit Holz gebaut werden, das ist ein perfekter Dämmstoff. Wissenschaftler haben dies beim näheren Betrachten von Ameisenhaufen herausgefunden. Dort herrscht nämlich im Inneren, wo die Larven schlüpfen, immer die gleiche Temperatur, egal ob es gerade Sommer oder Winter ist. Die vielen kleinen Hölzchen und Stöckchen, die die Unmengen Ameisen anschleppen und in einem für sie logischen System anordnen, bilden ein stabiles Klima im Inneren des Ameisenhaufens. Ich finde das sehr beeindruckend und nachahmenswert für unsere Baubranche. Durch den Klimawandel entsteht mehr kaputtes Holz, was zwar die Holzpreise eher in den Keller als in die Höhe treibt, dennoch könnte man dieses Holz gut für den Hausbau nutzen.

Neben Deutschland betreiben auch Kanada, die USA, China und viele europäische Staaten eine gute Waldpolitik. Ohne viel Chemie kommen wir mehr und mehr zum gesunden, artenreichen Mischwald zurück, statt auf Monokulturen zu setzen – eine gute Entwicklung.

2015 WURDE DER WELTWEITE BAUMBESTAND AUF DREI BILLIONEN GESCHÄTZT, ABER JEDES JAHR WERDEN 15 MILLIARDEN BÄUME GEFÄLLT. SEIT BEGINN DER LANDWIRTSCHAFT IST DIE ZAHL DER BÄUME WELTWEIT UM 46 % ZURÜCKGEGANGEN.

>>> GARTEN UND GRÜNPFLANZEN IM ALLGEMEINEN

Viel Grün im Garten tut nicht nur der Seele gut, schon weiter vorne im Buch wurde gesagt, dass Pflanzen eine Menge Kohlenstoff speichern und somit ein guter Puffer für CO_2 sind.

Also pflanzen Sie möglichst viele. Generell sollten Sie beim Pflanzen eines Baumes jene Arten bevorzugen, die eine hohe Toleranz gegenüber Temperaturschwankungen, Trockenheit und Starkregen haben. Kleine Empfehlungen sind WACHOLDER, WOLLIGER SCHNEEBALL oder die FELSENBIRNE. Wenn einer Ihrer Bäume im Garten kränkelt, versuchen Sie als erstes das Wurzelwachstum zu stimulieren. Man kann den Boden mit Mykorrhiza-Pilzen impfen und hoffen, dass diese Pilze eine positive Symbiose mit dem angeschlagenen Baum eingehen oder Huminsäurepräparate benutzen. Insgesamt sollte man mehr wässern und kranke Äste herausschneiden. Auf Pflanzenschutzmittel und herkömmlichen Dünger sollte größtenteils verzichtet werden.

Wer ein Stück Land hat, sollte dort nicht nur Rasen und Bäume pflanzen, sondern selbst etwas anbauen. Ist Ihnen eigentlich klar, dass der Anbau von Nahrungsmitteln die ursprünglichste Form der SOLARENERGIENUTZUNG ist? Durch die Sonne werden im Prozess der PHOTOSYNTHESE Kalorien erzeugt. Wenn Sie möglichst ohne Hilfe des Gartencenters, das heißt ohne künstlichen Dünger, vorgezogenen Pflanzen und gekaufter humusreicher Erde Ihren Gemüsegarten organisieren, können Sie quasi kostenlos und kohlendioxidfrei ein Mittagessen zaubern. Lokaler, frischer, gesünder und nahrhafter Essen geht nicht. Außerdem kommt Ihnen der Klimawandel sogar etwas entgegen, denn die Anbauzeiträume verlängern sich in unseren Breiten durch die Erderwärmung. Die gefürchteten Eisheiligen verlieren von Jahr zu Jahr an Schrecken und auch im November kann man zunehmend Salat ernten. Mit etwas Schutz, wie einer Vliesabdeckung, ist es sogar in den Wintermonaten möglich, MANGOLD und ENDIVIE bei uns anzubauen, was man bisher nur aus den Mittelmeerländern kennt. Insgesamt können Sie früher aussähen und ernten als noch vor einigen Jahrzehnten. Versuchen Sie doch mal PHYSALIS oder eine HONIGMELONE in Ihrem eigenen Garten großzuziehen. Mit etwas Geduld und viel Liebe könnte es etwas werden. Vorgezogene SÜSSKARTOFFEL-PFLÄNZCHEN können Ende Mai in den Boden und im Herbst geerntet werden. Andererseits wird der KOPFSALAT im Hochsommer nicht mehr so gut aussehen wie bei Oma und auch der SPINAT sollte entweder früher im Jahr oder erst im Herbst angebaut werden. Auch KOHLRABI, MÖHREN und RADIESCHEN kommen mit längeren Trockenperioden nicht gut zurecht und platzen leichter auf.

Es lohnt sich, im Garten selbst Obst und Gemüse anzubauen. Dadurch werden Transportkosten gespart und so Emissionen. Außerdem schmeckt es viel besser und ist gesünder. Damit möglichst viel bei Ihnen wächst, brauchen Sie einen nährstoffreichen Boden. Dabei gilt: Nährstoffe, die die Pflanze für ihr Wachstum dem Erdboden entzieht, gibt sie zurück, wenn sie abstirbt. Wenn Menschen ernten, unterbrechen wir diesen natürlichen Nährstoffkreislauf. Wir entziehen dem Boden Nährstoffe, das geht auf Dauer nur, wenn wir ihm auch wieder Nährstoffe zurückgeben und das in Form von Dünger. Welchen Dünger nimmt man da am besten? Es gibt KUNSTDÜNGER, auch STICKSTOFF- oder MINERALDÜNGER genannt. Er versorgt die Pflanze gut mit Nährstoffen, aber nicht den Erdboden. Hauptsächlich besteht er aus Stickstoff, Phosphor und Kalium. Dauerhaft schwächt er im Erdreich lebende Organismen, der Boden wird somit unfruchtbar und dünstet LACHGAS aus. Ein Treibhausgas, welches 300-mal klimaschädlicher ist als Kohlendioxid. Auch kann sich in diesen Boden kein Humus mehr anreichern. Humus bindet aber CO_2 und sorgt für die Fruchtbarkeit des Bodens. Zudem ist die Herstellung von Kunstdünger sehr energieintensiv. Alternativ gibt es im Handel humusbildende Dünger organischen Ursprungs wie HORNSPÄNE oder GESTEINSMEHL. Allerdings sind sie recht teuer und es geht viel leichter: Schaffen Sie sich einen KOMPOSTHAUFEN an. Hier können Sie Müll sparen und gleichzeitig stellen Sie Ihren eigenen Dünger her. Kompostieren lassen sich fast alle organischen Abfälle aus Haus und Garten und da gibt es so einiges. Man stellt einen luftigen Lattenverschlag auf, in dem man seine Abfälle verrotten lässt. Dabei muss es nicht stinken, es darf eigentlich keine Fäulnis entstehen, guter Kompost riecht nämlich nach Erde. Gut geeignet für den Komposthaufen sind Gemüsereste, Kaffee- und Teefilter, Eierschalen, Hecken- und Rasenschnitt (da sparen Sie sich auch das Wegfahren der Reste vom Rasenmähen) und Ernterückstände. Häufig landen organische Hausabfälle leider auf Mülldeponien. Wenn sie dort ohne Kontakt mit Luftsauerstoff verrotten, entsteht Methan, dessen Wirkung auf einen Zeitraum von 100 Jahren gerechnet 34-mal stärker ist als Kohlendioxid. Schätzungen zufolge ist ein Viertel der vom Menschen verursachten Erwärmung auf Methangas zurückzuführen. Zwar wird auf einigen Mülldeponien Methan mittlerweile zur Energiegewinnung genutzt, doch viel effektiver ist es, organische Abfälle zu kompostieren, statt zu deponieren. Viele Gemeinden und Kommunen verpflichten mittlerweile Hausbesitzer entweder eine Biotonne zu haben oder einen Komposthaufen nachzuweisen.

In Kopenhagen werden sogar schon seit 25 Jahren keine organischen Abfälle mehr in Deponien gelagert.

Ein guter Komposthaufen muss dabei eine Abdeckung haben, denn zu viel Regen lässt das Ganze faulen. Auch muss der Komposthaufen immer gut belüftet sein und nach unten offen, damit Mikroorganismen und Regenwürmer hereinkommen und helfen können. Also genug Feuchtigkeit, Luft und Wärme muss es geben. Dann ist es ein Festmahl für Mikroben, Pilze, Bakterien und Protozoen, die sich von den kohlenstoffreichen Substanzen des organischen Abfalls ernähren. Im Prozess des Kompostierens wird dann der stabil im Boden gebundene Kohlenstoff statt in Methan wie auf den Deponien in gute Erde umgewandelt, die dann den Pflanzen zur Verfügung steht. Unter natürlichen Bedingungen verrotten die Ausgangsstoffe etwa nach 10 bis 12 Monaten. Das kann man mit Bakterienzufuhr beschleunigen. Wenn Sie immer von oben neues Material heranbringen und unten guten Humus ernten, haben Sie das ganze Jahr hervorragenden, gesunden Dünger für Ihren Garten und Müll wird zu Reichtum.

2015 wurden übrigens in den USA etwa 38 % der Lebensmittelabfälle kompostiert, in Europa waren es geschätzte 57 %. Würden alle Länder mit niedrigem Einkommen den US-Anteil und alle Länder mit hohem Einkommen den EU-Anteil erreichen, könnten durch das Kompostieren bis 2050 Methanemissionen aus Mülldeponien vermieden werden, die etwa 2,3 Gigatonnen Kohlendioxid entsprächen, schätzen Wissenschaftler. Dabei ist nicht einberechnet, dass ja zusätzlicher Kunstdünger gar nicht mehr produziert werden müsste und dort auch CO_2 eingespart werden würde. Der Bau von Kompostierungsanlagen ist übrigens deutlich preiswerter als der Bau von Mülldeponien, auch die Betriebskosten liegen niedriger.

Kommen wir wieder zum Garten. Ein Ammenmärchen ist, dass TORF gut für den Garten sein soll. Ja, für den Garten schon, aber nicht fürs Klima. Man denkt, es ist ein natürlicher Stoff, was soll denn an Torf falsch sein? Moore, woher der Torf kommt, speichern große Mengen Kohlendioxid. Aber in dem Moment, wo Torfballen aus dem Moor abgestochen werden, wird das CO_2 wieder freigesetzt – also besser Kompost statt Torf.

Im eigenen Garten sollte man auch die Anschaffung von elektrischen Geräten hinterfragen. Muss es wirklich der Laubsauger sein? Er macht nicht nur enorm Lärm und stört die Nachbarn, er schadet auch dem Bodenleben. Im Laub sind kleine Tiere zu Hause, die einfach weggesaugt werden. Eine Harke, ein Besen oder ein Rechen tun es auch, sind klimafreundlicher und Sie können sich sogar einen Gang ins Fitnessstudio sparen und kommen mit Ihrem Nachbarn ins Gespräch. Überlegen Sie mal, ob wirklich jeder einen Rasenmäher, einen Vertikutierer oder einen Hochdruckreiniger in der Nachbarschaft braucht? Oder ob man sich die Anschaffungen teilt und gegenseitig ausleiht.

Machen Sie sich Gedanken, wo Sie was im Garten anpflanzen. Das bedeutet, planen Sie standortgerecht. Also es macht wenig Sinn eine Pflanze, die eigentlich Halbschatten mag, in die pralle Sonne zu stellen. Das verursacht eine aufwendige, energiereiche Pflege und die Pflanzen sind anfälliger für Krankheiten und Schädlinge. Allgemein sollte man sich für robuste Sorten entscheiden und sie standortgerecht einbuddeln.

Bei der Bekämpfung von Schädlingen sollte man nicht die Chemiekeule wählen, sondern auch versuchen, ökologisch schonende Schädlingsbekämpfungsmittel zu wählen.

Zudem ist die Devise: GIESSKANNE statt Schlauch. Die Herstellung eines Schlauchs ist deutlich energiereicher als die einer Gießkanne. Auch sollte man versuchen, aufgefangenes Regenwasser zum Gießen zu benutzen als Leitungswasser – der pH-Wert für die Pflanzen ist besser und man spart Geld. Mit etwa 600 Litern Wasser kann man je nach Anbau 100 Quadratmeter Garten für vier Wochen bewässern.

Wer Springbrunnen oder bestimmte Lichteffekte im Garten haben will, sollte das jeweils mit SOLARLAMPEN und -PUMPEN betreiben. Solarleuchten laden sich tagsüber, auch bei indirektem Licht, auf und strahlen nachts bis zu zwölf Stunden Licht ab.

Je nachdem wie groß Ihr Garten ist, kann man überlegen, ob man wirklich einen elektrischen Rasenmäher braucht oder ob es auch ein Handmäher tut.

Außerdem sollten Sie mal über Ihre Idealvorstellung von Rasen nachdenken: Muss es wirklich der »englische«, kurzgeschnittene, energieaufwendige Golfrasen sein? Einen Teil des Gartens kann man gut in eine Wildblumenwiese verwandeln. Das mögen die Kinder und vor allem die Bienen und Hummeln, die wir unterstützen sollten.

Wenn Sie relativ regelmäßig Rasen mähen und nicht zu viel Rasenschnitt entsteht, können Sie ihn einfach als direkten Dünger auf der Wiese liegen lassen. Das heißt, Sie mähen ohne Fangkorb. Dieses Mähgut schützt bei starker Sonneneinstrahlung vor dem Austrocknen und erhält den Nährstoffkreislauf. Er wird nicht unterbrochen. Wenn mehr Rasenschnitt entsteht, können Sie es als Mulch, quasi wie eine Nährstoffquelle zwischen die Tomaten oder Beerensträucher platzieren.

Der Garten besteht ja nicht nur aus Rasen und Beeten, auch Terrassen, Wege, Gartenlaube, Zaun, Gartenmöbel und Pergola gehören dazu. Dabei sollte man überlegen, ob es der Granit aus Indien oder das Bangkirai-Holz aus dem tropischen Regenwald für die Wegbefestigung oder Terrasse sein muss, wenn der Sandsteinbruch um die Ecke ist. Auch hier lautet die Frage immer wieder: Woher kommt das Material, mit welchem Aufwand wurde es produziert und transportiert? Holz aus nachhaltiger Forstwirtschaft sollte Kunststoffprodukten immer vorgezogen werden – Holz wächst nach und ist in der Verarbeitung deutlich weniger energieaufwendig als Plastik oder Kunststoff. Gerbstoffhaltige

Holzarten wie AKAZIEN oder ESSKASTANIEN sind dabei zu empfehlen.

Zudem sollte man drüber nachdenken, wie man seinen Garten gestaltet, da ja die Temperaturen insgesamt steigen. Also Pflanzen, die das kühle Klima lieben, werden es zunehmend schwerer bei uns haben und brauchen mehr Pflege zum Überleben. Insgesamt wird es, so wie es in der Klimageschichte der Erde normal ist, eine Wanderung der Vegetation geben. Derzeit werden sich durch die Erderwärmung Pflanzen, die es kühler mögen weiter in den Norden Europas zurückziehen. Hier fühlen sich dagegen zunehmend Pflanzen aus südlicheren Gefilden wohl, wobei man darauf achten sollte, dass sie auch längeren Trockenperioden standhalten. Empfehlen kann ich da zum Beispiel FEIGENBÄUME, KIWI, LAVENDEL, HANDPALMEN, KATZENMINZE, WOLFSMILCH oder WEIN.

Das heißt die Weinbauer profitieren zum Teil von der Erderwärmung. Steigende Temperaturen beschleunigen das Wachstum der Reben. Auch die Vegetationszeit der Reben wird verlängert. Je früher die Weinstöcke blühen, desto früher reifen sie auch und ihr Zuckergehalt steigt. Allerdings bedeutet der Klimawandel auch für die Weinreben größeren Stress: Die Hitzeperioden nehmen zu, die Reben können Sonnenbrand bekommen und ihre Versorgung ist aufwendiger. Auch Dürrephasen bringen Mehraufwand durch stärkere Bewässerung. Häufiger Starkregen verursacht Bodenerosion und beeinträchtigt so die Fähigkeit des Bodens Feuchtigkeit aufzunehmen. Man sollte also nicht an Mamas Garten denken und ihn ähnlich gestalten wollen, sondern sich an den zunehmend wärmeren und teils trockeneren Sommermonaten orientieren, wenn man den Garten neu bepflanzt. Allerdings sind nicht alle Mittelmeerpflanzen für unsere Breiten geeignet, da sie die nassen Winter nicht vertragen und der Fäulnis zum Opfer fallen. Auch bedeutet der Klimawandel ja nicht, dass wir gar keine Winter mehr haben. Frost wird auch in den nächsten Jahrzehnten noch bei uns auftreten, auch teils strenge Fröste wird es geben, das schließt der Klimawandel definitiv nicht aus. Sie sollten sich also genau überlegen, was zu Ihnen im Garten passt und wie Sie ihn gestalten und nutzen wollen.

Auch die Schädlinge ändern sich mit dem Klima.

Es wird immer Jahre geben, mit mehr Schädlingen als in anderen, vor allem, wenn starke Fröste im Winter ausbleiben.

Gemüsefliegen wird es zum Beispiel früher im Jahr geben, im Hochsommer werden wir dagegen unsere Ruhe haben, im Herbst kann aber eine neue Generation schlüpfen. Insgesamt dürften aber Gemüsefliegen zunehmend an Bedeutung bei uns verlieren. Dafür werden wir mehr mit BLATTLÄUSEN, ZIKADEN, MILBEN und WEISSEN FLIEGEN zu tun haben. Beugen Sie vor, indem Sie gute Bedingungen für unsere Nützlinge wie MARIENKÄFER, SCHWEB- und FLORFLIEGEN schaffen.

Auch die Förster in den Wäldern müssen sich umstellen. Ungewöhnliche Arten wie Borkenkäfer, Schwammspinner und Eichenprozessionsspinner, die es früher in Deutschland selten gab, werden jetzt zur Normalität.

Studien unterstützen aber die These, dass mit den neuen Schädlingen, die zu uns kommen, auch deren Feinde weiter in den Norden wandern und es im Schnitt nicht MEHR Schädlinge werden, sondern nur ANDERE. Ich finde, das ist doch eigentlich eine beruhigende Nachricht.

MUSS ES WIRKLICH DER »ENGLISCHE«, KURZGESCHNITTENE, ENERGIEAUFWENDIGE GOLFRASEN SEIN? EINEN TEIL DES GARTENS KANN MAN GUT IN EINE WILDBLUMENWIESE VERWANDELN. DAS MÖGEN DIE KINDER UND VOR ALLEM DIE BIENEN UND HUMMELN, DIE WIR UNTERSTÜTZEN SOLLTEN.

››› STÄDTISCHE BEGRÜNUNG

Welches Stadtkind träumt nicht davon wie Heidi in den Bergen groß zu werden. Frische, saubere Bergluft einzuatmen und Platz und Natur um sich zu haben.

Natürlich ist die Luft in unseren Städten schlechter, dort gibt es mehr Abgase, Schadstoffe und Feinstaub in der Luft durch Verkehr, Fabriken und Kamine als auf dem Land. Im Sommer ist es teils 10 Grad wärmer als im Umland und die Luft ist trockener. So viele Vorteile ein Leben im Großstadttrubel auch haben mag, es hat natürlich Auswirkungen auf die Gesundheit und Lebensqualität der Stadtbewohner. Versiegelte Böden, überall Stein, Beton, Stahl und Asphalt lassen vor allem die Innenstädte im Sommer stark aufheizen und besonders nachts nicht abkühlen. Durch zunehmende Hitzeperioden ist die Zahl der tropischen Nächte, mit Tiefsttemperaturen über 20 Grad in Deutschland gestiegen. Die Schlafqualität leidet bei diesen Temperaturen erheblich. Zudem gibt es in Städten viel zu wenig Pflanzen und unbebauten Boden. Wenig Kohlendioxid kann aufgenommen werden und wenig Feuchtigkeit verdunsten. Die Luft ist trocken und Menschen neigen mehr zu Allergien und Asthma. Dichte Bebauung, enge Straßenschluchten schränken einen Frischluftaustausch ein. Unwetter verursachen größere Schäden, da die Kanalisation die Regenmassen, die da manchmal vom Himmel fallen, nicht aufnehmen kann.

Mittlerweile ist dies den Stadtplanern bewusst und es passiert viel, aber es gibt auch viele Kleinstädte, die von schlechtem Stadtklima betroffen sind. 80 % aller Deutschen leben in Städten, 2,5 Millionen davon in Ballungsgebieten mit mehr als 100 000 Einwohnern. Vor allem ENTSIEGELUNG und massive BEGRÜNUNG müssen vorangetrieben werden. Die Begrünung ist eine der einfachsten und effektivsten Methoden, um nachhaltig gegen die Belastung in Innenstädten vorzugehen, ohne große bauliche Veränderungen vorzunehmen. Die Pflanzen helfen dem Stadtklima in vielen Bereichen: Sie sorgen für mehr Sauerstoff, sie schaffen angenehme Kühle und filtern Staub.

FASSADENBEGRÜNUNG beispielsweise mit wildem Wein tut nicht nur dem Stadtklima gut, es ist auch sehr ästhetisch. Vor allem im Herbst durch die wunderschöne Laubfärbung. Insgesamt eignen sich zur Begrünung von Hauswänden besonders Kletterpflanzen. Sie sind meist anspruchslos und unverwüstlich. Pflanzen an Hauswänden verbessern die WÄRMEDÄMMUNG durch Luftpolsterbildung. Sie verringern den Wärmeverlust durch Windabbremsung und Änderung der Strahlungsverhältnisse. Das Grün hat eine kühlende Wirkung durch Verdunstung, zudem wird angenehme Feuchte und Sauerstoff produziert. Die Hauswände haben nicht mehr eine so große Beanspruchung durch UV, hohe Temperaturen und Starkregen.

Eine recht einfach umzusetzende Maßnahme ist die DACHBEGRÜNUNG. Dachbegrünung gab es schon zur Zeit der Wikinger. Im 9. und 10. Jahrhundert fand man das vor allem in Norwegen. Schon damals bemerkten die Menschen, dass begrünte Dächer temperaturausgleichend wirken. An heißen Tagen erwärmen sich konventionelle Dächer bis zu 30 Grad mehr als ihre Umgebung. Das erschwert natürlich, das darunterlegende Dachgeschoss zu kühlen. Wer eine Dachgeschosswohnung hat, weiß wovon ich spreche. In tropischen Nächten schläft es sich extrem schlecht, denn die Hitze steht in den Räumen.

Neben dem angenehmeren Raumklima können die Grünpflanzen auf den Dächern CO_2 binden und insgesamt das Stadtklima verbessern. Vor allem robuste, genügsame Bodendecker, beispielsweise die FETTHENNE, gedeihen besonders gut auf Dächern.

Ganz günstig sind begrünte Dächer nicht: Erde muss aufs Dach gebracht und für die Bewässerung muss gesorgt werden, wobei das Regenwasser dafür genutzt werden kann. Aber der Aufwand lohnt sich. Diese lebendige Dämmung spart Heiz- und Kühlkosten, es wirkt luftreinigend und es läuft weniger Regenwasser ab. Außerdem haben begrünte Dächer eine doppelte Lebensdauer als konventionelle, da die Vegetation vor Wettereinflüssen und UV-Strahlung schützt.

Man kann auch begehbare Dachgärten gestalten, in denen sich Anwohner erholen, Blumen züchten und Gemüse anbauen können. Aus ungenutzten leblosen Dächern können kleine Erholungsinseln werden, wo sogar regionales Obst und Gemüse wächst und geerntet werden kann.

Deutschland steht dabei weltweit gesehen gar nicht schlecht da. Mittlerweile gibt es Bauvorschriften, die festlegen, dass bei Neubauten die Begrünung von Flachdächern Pflicht ist. So werden grüne Dächer zur Normalität und nicht zur Ausnahme und das jeweilige Stadtklima verbessert sich. Es wird viel mehr Sonnenlicht reflektiert, die Gebäude heizen sich nicht mehr so auf. Vor allem bei Hitzewellen im Sommer merkt man den Unterschied zwischen den extrem heißen Städten, die sich ja auch nachts kaum abkühlen und den ländlichen Regionen. Mit kühlenden, grünen Dächern könnte dem entgegengewirkt werden.

Außerdem könnte in der Stadtplanung mehr reflektierendes Material bei Straßenbelägen und Dächern verwendet werden. So erwärmen sich Innenstädte nicht mehr so stark.

Es muss mehr auf das Durchlüften geachtet werden, breitere Straßenschluchten wären eine Möglichkeit.

Arkaden bringen mehr kühlenden Schatten, insgesamt gibt es da architektonisch moderne, sinnvolle Baumaßnahmen, die mehr Luft und Schatten in die Städte bringen.

Sie selbst können bei einem Neubau genau auf diese Punkte achten, die die Stadtplaner versuchen umzusetzen, um ein besseres Klima in unsere Städte zu bringen.

Pflanzen Sie einen Baum mehr, begrünen Sie eine Hauswand, versuchen Sie Schattenwurf zu bewirken, um direkte Sonneneinstrahlung zu vermeiden, bepflanzen Sie Ihr Dach.

DACHBEGRÜNUNG KANN DIE ZUNEHMENDEN HITZEPERIODEN IN UNSEREN STÄDTEN ETWAS ANGENEHMER MACHEN.

STROM UND ENERGIE

›››

>>> WINDENERGIE

Windräder gibt es schon sehr lange, die ältesten bekannten Windmühlen wurden zwischen den Jahren 500 und 900 in Persien gebaut. Auch früher haben sie den Menschen geholfen und ihnen die Arbeit erleichtert; mithilfe des Windes wurde Wasser in die Höhe gepumpt oder Korn gemahlen. Natürlich sahen die Windräder damals ganz anders aus, als die heutigen Windkraftanlagen.

Neben den Windrädern wird seit Jahrtausenden der Wind auf Meeren und Flüssen genutzt, um mit Segelbooten und -schiffen Lasten zu transportieren.

In der Natur übernimmt der Wind den Ausgleich der Temperaturunterschiede: Er pustet warme Luft in kältere Regionen und umgekehrt. Je größer die Temperaturunterschiede, desto stärker der Wind. Er liebt auch möglichst wenige Hindernisse wie Berge, Wälder und Städte, welche den Wind bremsen und Reibung bzw. Energieverlust verursachen. Ganz oben auf der Bergspitze oder auf dem Meer kann es manchmal so richtig stürmen, denn hier stört nichts. Das können vor allem OFFSHORE-WINDKRAFTANLAGEN nutzen, die so sauberen, erneuerbaren, emissionsfreien und unabhängigen STROM erzeugen. Zum Teil so groß wie Fußballfelder stehen sie vor den Küsten und produzieren viel Energie. Vor allem in den letzten Jahren wurde viel in die Forschung investiert. Bessere Materialien, teils über 160 Meter lange Rotorblätter produzieren mittlerweile viel Strom. Allerdings wissen Sie, wie schwer ein einzelnes Rotorblatt ist? 33 TONNEN! Allein eine einzige Umdrehung eines Rotors erzeugt den Tagesstrombedarf eines ganzen Haushalts, erstaunlich, oder?! So ein WINDPARK kann also zum Teil über 400 000 Einwohner mit Strom versorgen. Durch höhere Windgeschwindigkeiten und regelmäßigen Wind wird auf dem Meer mehr Strom produziert, teils fast das Doppelte als auf dem Land. Zudem gibt es keine Lärmbelästigung für Anwohner. Durch die höheren Kosten bei der Errichtung, Einspeisung ins Stromnetz und Inbetriebhaltung sind die STROMGESTEHUNGSKOSTEN (das beinhaltet alle Kosten, die bei der Stromerzeugung entstehen) jedoch höher als an Land. Ebbe und Flut haben viel Kraft, somit braucht man deutlich stärkere Masten. Das salzhaltige Wasser in Kombination mit Luft erhöht die Korrosion um ein Vielfaches und verursacht so höhere Kosten.

Eine Kombination aus Offshore-Anlagen und Wellenkraftwerken ist von großem Vorteil: Die Infrastruktur kann sowohl technisch, als auch organisatorisch gemeinsam genutzt werden und senkt so die Kosten. Auch die Reparatur- und Wartungskosten sind geringer. Jedoch ist die Lebensdauer der Offshore-Anlagen mit 20 bis 25 Jahren geringer als Wasserkraftwerke.

Ein weiterer Nachteil der Offshore-Windräder sind die Beeinträchtigung und teils Zerstörung der Lebensräume von Meeresbewohnern. Zudem ist Wind kaum vorhersehbar. Als alleinige Stromquelle sind Offshore-Windräder also nicht nutzbar. Jedoch besteht das gleiche Problem bei ONSHORE-ANLAGEN.

Insgesamt kann man gar nicht sagen, welche Windenergiegewinnung sinnvoller ist, ob auf dem Meer oder auf dem Land. Beide haben ihre Berechtigung und stehen sich gegenseitig nicht im Wege. Insgesamt gibt es mehr Windkraftanlagen auf dem Land als im Meer, aber auch hier ist der Trend steigend und die Energieausbeute zunehmend höher. Der große Vorteil bei Windrädern an Land ist, dass die Stromerzeugung dezentral erfolgen kann und somit weniger in Transportkosten investiert werden muss. Zudem sind natürlich Aufbau und Materialien kostengünstiger als bei den Offshore-Modellen. Allerdings bringen sie deutlich geringere Stromerträge. Im Gegensatz zu anderen Energiequellen sind Windkraftanlagen sehr flächensparend, auch wenig Land wird versiegelt. Meist stehen sie auf Agrarflächen, die dennoch weiter genutzt werden können. Zudem ist ein großer Vorteil gegenüber Kohle-, Gas- und Atomkraftwerken, dass 98 bis 99 % weniger Wasser als Kühlflüssigkeit benötigt wird. Zudem dauert der Bau eines Windparks meist weniger als ein Jahr und ist deutlich unkomplizierter als ein Kohlekraftwerk oder eine Staumauer. Energie kann recht schnell produziert und die Investitionen können wieder amortisiert werden. Freistehende Häuser, landwirtschaftliche Betriebe und Dörfer, die nicht ans öffentliche Stromnetz angeschlossen sind, können mit Windturbinen eigenen Strom erzeugen.

Problematisch ist, dass sie Lärm verursachen, nicht ästhetisch sind und den Tod von Fledermäusen und Zugvögeln verursachen. Diesen Bedenken kommt man heute durch langsamer drehende Rotorblätter entgegen. Zudem werden die Routen der Zugvögel in der Planung berücksichtigt. Doch es bleibt weiter ein Problem, dass eigentlich niemand ein Windrad direkt vor der Haustür haben will, somit gibt es in vielen Gemeinden immer wieder Streit um das Thema, ob neue Windparks entstehen dürfen.

Insgesamt ist eine staatliche Förderung für Entwicklung der Windkraftindustrie sehr wichtig, so können die Kosten deutlich gesenkt werden. Es ist auch immer ein bisschen gemein, man hat das Gefühl, dass die erneuerbaren Energien Unmengen Subventionen bekommen und dennoch teuer sind, dagegen Kohle, Erdgas und Öl quasi nichts kosten und billig Energie produzieren. Aber so ist es nicht, auch die fossilen Energiequellen werden vom Staat stark unterstützt, zum Teil fließt dorthin mehr Geld, als in die erneuerbaren Energiequellen.

Auch wenn man China kritisch sehen kann, ist man dort in Bezug auf die Windenergienutzung schon viel weiter. Sie sind mit 184 000 Megawatt Leistung (2018) weltweiter Marktführer im Windsektor. Die Hälfte dieser Leistung produzieren die USA und liegen damit auf Platz zwei, gefolgt von Deutschland mit immerhin 59 000 Megawatt Leistung pro Jahr. Dänemark deckte 2017 über 40 % seines Energiebedarfs mit Windkraft, in Uruguay waren es immerhin 15 %.

Die Windenergie ist wie die Solar- und Biomassebranche ein Teil der Energiewende, als Mix mit anderen regenerativen, sauberen Energiequellen ist Wind eine gute, immer vorhandene, kostenlose Basis für den Energiebedarf der Zukunft, der weiter ausgebaut und erforscht werden sollte. Vor allem in die Technologie und Infrastruktur zur Speicherung von überschüssigem Strom, den die Windkraftanlagen immer wieder produzieren, muss weiter investiert werden, damit Windstrom nicht verschwendet wird und viel saubere, emissionsfreie und bezahlbare Energie erzeugt wird.

››› ENERGIE AUS BIOMASSE

Die Erzeugung von Energie aus Biomasse ist für viele DIE Lösung, denn Biomasse gilt als das Allround-Talent unter den erneuerbaren Energiequellen. Daraus kann man Strom, Wärme, flüssigen und festen Kraftstoff gewinnen und verwendet dazu sogar noch Abfälle. Dennoch gibt es auch berechtigte Kritik. Für Biomasseenergie müssen extra Pflanzen angebaut werden, teils wird dafür Regenwald gerodet, teilweise werden dann keine Nahrungsmittel mehr angebaut und das ist problematisch.

Man muss es richtig und in Maßen einsetzen. Um sich von den fossilen Brennstoffen zu verabschieden und die schwankenden Energiequellen Wind und Photovoltaik aufzufangen, ist die Produktion von Energie aus Biomasse eine feine und sinnvolle Sache, allerdings mit dem richtigen Ausgangsmaterial und nicht im Übermaß. Abfälle, die sonst zur Umweltbelastung werden, bekommen bei der Herstellung von Energie durch Biomasse eine Aufgabe, das ist gut. Auch schnell wachsende Pflanzen wie Mais und Raps, Abfälle aus der Holzindustrie und Gülle können genutzt werden – solange der Kohlendioxid-Kreislauf neutral bleibt. Aber wenn Bauern nur noch für die Energiegewinnung ihre Felder bereitstellen und nicht mehr für die Ernährung von Mensch und Tier und nur noch energieintensive Massen-Monokulturen in der Landschaft zu sehen sind, dann läuft etwas falsch. Noch schlimmer ist es, dass tropische Regenwälder abgeholzt werden, um Energiepflanzen anzubauen. Dann bringt auch der neutrale CO_2-Kreislauf der Biomasse nichts.

Was bedeutet dieser neutrale Kohlendioxidkreislauf eigentlich? Die Pflanzen nehmen während ihres Wachstums aus der Atmosphäre Kohlendioxid auf, das ist etwas Gutes, denn sie binden Kohlendioxid. Dies ist genauso viel, wie bei ihrer Verbrennung, damit für uns nutzbare Energie entsteht, wieder freigesetzt wird.

Das ist der große Unterschied zu den fossilen Energieträgern Öl, Gas und Kohle. Dort ist zwar auch Kohlenstoff gespeichert, aber der ist aus lang vergangenen Erdzeitaltern. Die Energiegewinnung durch Verbrennung von Erdgas, Kohle und Erdöl verursacht jetzt in sehr kurzer Zeit sehr viel CO_2 in der Atmosphäre, das ist kein neutraler Kreislauf, sondern führt zur Erderwärmung.

Die Erzeugung von Agrartreibstoff aus Weizen und Mais in den USA oder aus Raps in Deutschland ist sehr energieintensiv und teuer, bei uns werden mittlerweile 12 % der Agrarflächen nur dafür genutzt. Das ist keine kluge Energiegewinnung aus Biomasse, so steigen die Treibstoffpreise und die Nachteile überwiegen. Wenn neue Technologien entwickelt werden und ungenutzter ländlicher Raum sinnvoll gefördert wird, dann macht es Sinn, dann ist es eine weitsichtige Ergänzung zu Wind- und Solarenergie.

Biomasse kann in vielfältiger Weise zur Gewinnung regenerativer Energie beitragen. In Kraftwerken und speziellen Heizungssystemen können Wärme und Strom erzeugt werden. Pelletheizungen können ihre Basis aus Biomasse bekommen und Biokraftstoff für Fahrzeuge kann man aus Biomasse herstellen. In Deutschland sind derzeit Biodiesel, Pflanzenöl und Bioethanol die wichtigsten Biokraftstoffe. Sie ersetzen zum Teil schon den konventionellen Dieselkraftstoff und das Benzin oder sind ihm beigemischt. Auch aus Biomasse produziertes Biogas kann als Treibstoff für Autos genutzt werden.

Wie funktioniert eigentlich so eine BIOGASANLAGE? Als Basis nimmt man organisches Material wie Raps, Mais, Hirse, aber auch Gülle oder Holz- und Speisereste. Diese werden unter Sauerstoffausschluss in vier Phasen abgebaut. Dabei produzieren Bakterien zu zwei Drittel Methan, außerdem Kohlendioxid, Sauerstoff, Stickstoff und noch einige andere Gase. Jetzt schlagen Sie wahrscheinlich die Hände über dem Kopf zusammen: Methan, das ist doch auch ein gefährliches Treibhausgas. Stimmt, und wenn ich Ihnen jetzt sage, dass das Biogas umso energiereicher ist, je mehr Methananteil es hat, dann verstehen Sie die Welt nicht mehr. Aber das Methan gelangt gar nicht in unsere Atmosphäre, sondern wird direkt in Blockheizkraftwerke geleitet, dort verbrannt und zur Strom- und Wärmeerzeugung genutzt. Eine andere Variante ist es, Methan zur Erdgasherstellung zu nutzen, denn das dabei nach der Vergärung entstandene Substrat kann in der Landwirtschaft als hochwertiger BIODÜNGER verwendet werden. Alle Bestandteile werden also mit guter Technologie und überschaubarem Energieaufwand sinnvoll für verschiedenste Energiebereiche wie Strom, Wärmeerzeugung, Kraftstoff und Düngemittel genutzt. Das schaffen die Wind-, Wasser- und Solarenergiezweige nicht. Allerdings sind nicht alle Biogasanlagen wirtschaftlich, zudem ist die Energiedichte längst nicht so hoch wie bei konventionellen Energieträgern.

Es liegen aber auch so einige Vorteile auf der Hand: Es ist weltweit überall möglich, man ist nicht auf Vorkommensgebiete angewiesen. Man spart Transportwege, denn die Grundlage für Biogasanlagen kann man vor Ort anbauen. Die Umweltrisiken durch Transport und Lagerung von Biomasse sind deutlich niedriger als bei den konventionellen Energieträgern Öl und Gas. Abfälle werden wiederverwendet und die Quelle kommt aus nachwachsenden Rohstoffen. Es sind recht geringe Betriebskosten, es ist umweltverträglich, regenerativ und recht unabhängig vom Wetter.

Wie schon so oft in diesem Buch geschrieben, ist der Mix das Zauberwort. Energiegewinnung aus Biomasse muss klug und bewusst eingesetzt werden, die Technologien müssen sich weiter verbessern, es darf kein Raubbau am Regenwald vorangetrieben werden und es muss mit Mischkulturen und Zwischenfrüchten angebaut werden. Es darf keinen Konflikt mit der Nahrungs- und Futtermittelproduktion geben.

Wenn daran gearbeitet wird, dann leistet Biomasse einen Beitrag zur umwelt-, klima- und flächenschonenden Wärme- und Stromerzeugung sowie zur nachhaltigen Mobilität.

SO EIN WINDPARK KANN ZUM TEIL ÜBER 400 000 EINWOHNER MIT STROM VERSORGEN.

>>> GEOTHERMIE

Geothermie oder Erdwärme ist eine weitere regenerative Energiequelle. Wir leben auf einem aktiven Planeten. Im Erdinneren ist es richtig heiß, wie heiß kann durch indirekte Messergebnisse nur geschätzt werden, man vermutet etwa 6000 Grad herrschen dort. Diese Wärme kann man anzapfen und für uns Menschen nutzbar machen. Theoretisch könnten die Energievorräte, die in den oberen drei Kilometern unter der Erdoberfläche gespeichert sind, den weltweiten Energiebedarf für die nächsten 100 000 JAHRE decken. Jedoch ist die Erdwärmenutzung durch geologische und tektonische Gegebenheiten nicht überall auf der Erde möglich beziehungsweise sehr aufwendig. Zudem ist noch nicht erforscht, welche Auswirkungen der intensive Wärmeabbau auf den Erdboden und das Grundwasser hat.

Woher kommt eigentlich die Wärme? Im Erdmantel entstehen durch den Zerfall von radioaktiven Elementen aufsteigende Energieströme, die wasserführende Schichten erwärmen. Durch tiefe Bohrungen kann man das als günstige, nicht erschöpfbare, wetterunabhängige Energiequelle nutzen. Etwa 10 % der Erdoberfläche liefern optimale Bedingungen zur Geothermie-Nutzung. Die Technologie wird heutzutage immer besser, sodass die Erdwärmegewinnung sich immer mehr ausweitet.

In einigen Regionen sind sehr tiefen Bohrungen gar nicht nötig, denn zum Teil herrschen schon kurz unter der Erdoberfläche recht hohe Temperaturen, die genutzt werden können. Allerdings ist das regional durch die Plattentektonik und den Aufbau des Erdmantels sehr unterschiedlich. Zum Beispiel in Europa schwanken die Temperaturen in fünf Kilometer Tiefe zwischen 350 Grad in Schweden und 1000 Grad im ungarischen Becken. Durch gezielte Bohrungen an den richtigen Stellen liefert unsere Erdkruste somit permanent Wärme und Strom. Ein Vorteil dabei ist, dass recht wenig Fläche notwendig ist und es vor Ort ohne große Transportwege genutzt werden kann. Jedoch sind die Bohrungskosten derzeit noch sehr hoch und müssen in Zukunft deutlich reduziert werden, damit Geothermie noch attraktiver wird. Zudem kann sich der Untergrund langsam verdichten, was zu Absenkungen führt. Durch Bohrungen können Gase und Giftstoffe freigesetzt werden. Zudem wird bei Tiefenbohrungen Wasser ins Gestein gepresst, um die darin gespeicherte Wärme zu nutzen. Das könnte Mikroerdbeben auslösen.

Aber Erdwärme ist trotz einiger Nachteile und Risiken eine gute Alternative als eine emissionsarme Energiequelle. Es könnte in Zukunft in einigen Regionen zur Grundlastversorgung genutzt werden, denn es liefert rund um die Uhr zuverlässig Energie.

Als gutes Beispiel geht Island voran, hier wird der Wärme- und Strombedarf des Landes zu großen Teilen aus der Erdwärme genutzt. Allerdings hat man hier auch Glück, überall findet man heiße Quellen, eine Art Fußbodenheizung, die angezapft werden können.

In Indonesien, Mittelamerika und Ostafrika sollte in Zukunft noch deutlich mehr Erdwärme genutzt werden, hier steht reichlich Erdwärme zur Verfügung, denn auch hier ist unser Planet besonders aktiv.

In Deutschland sind Bohrungen in Tiefen von mindestens 400 Metern bis in einige Kilometer Tiefe nötig, nur hier sind die Temperaturen hoch genug, um sie als sinnvolle Energiequelle nutzen zu können. Da solche Tiefenbohrungen sehr teuer sind, gibt es im Moment nur 13 GEOTHERMIE-KRAFTWERKE in Deutschland. Zahlreiche neue Kraftwerke sind aber in Planung, da das Erneuerbare-Energien-Gesetz vom Staat gute Förderungen gibt und so Investitionen planungssicherer und übersichtlicher werden.

Außerdem gibt es noch die oberflächennahe Geothermie. Dort bohrt man nur bis zu 100 Meter tief. Die Temperaturen sind deutlich geringer, aber für Wärmepumpen für Ihre Heizung ausreichend. Mittels Erdwärmesonden wird eine von der Erde erwärmte Flüssigkeit aus 50 bis 400 Meter Tiefe mit Pumpen an die Erdoberfläche gebracht und als Wärme für Wohn- und Bürogebäude, Treibhäuser, Fahrbahntemperierung oder für Produktionsprozesse genutzt. Dabei kann die Energie aus dem Erdboden sowohl zum Heizen, als auch zum Kühlen genommen werden.

In Deutschland sind dafür der Oberrheingraben, das norddeutsche Becken und das süddeutsche Molassebecken bevorzugt.

Auch für die Stromerzeugung kann Erdwärme indirekt genutzt werden. In Kraftwerke wird heißes Wasser aus der Erde geleitet. Der

Wasserdampf treibt über eine Turbine einen Stromgenerator an. Dazu sind allerdings Wassertemperaturen von mindestens 80 Grad nötig.

Erdgaslagerstätten, die wegen Erschöpfung der Vorräte stillgelegt wurden, sind denkbare Projekte für die TIEFENGEOTHERMIE. Tunnel und Schächte sind meist schon vorhanden und können nachgenutzt werden.

Die Geothermie wird in Zukunft an Bedeutung gewinnen, jedoch muss durch neue Technologien deutlich an den Kosten gespart werden.

BEDACHTE ENERGIEGEWINNUNG AUS BIOMASSE UND ALS ERGÄNZUNG ZU WIND- UND SOLARFÖRDERUNG IST EINE GUTE SACHE.

››› ENERGIE AUS WASSERKRAFT

Bereits vor 5000 Jahren wurden in China bzw. vor 3500 Jahren am Nil, Euphrat und Tigris Maschinen mit Wasserkraft angetrieben und damit Felder bewässert. Ende des 18. Jahrhunderts gab es in Europa schon über 500 000 Wassermühlen, die zur Getreideproduktion genutzt wurden. 1880 wurde das erste Wasserkraftwerk der Welt in England in Betrieb genommen.

In heutigen Zeiten, wo nach emissionsarmen, dauerhaft vorhandenen Energiequellen gesucht wird, gewinnt die Wasserkraft weiter an Bedeutung. Sie verfügt über ein großes Potential vor allem für die Stromproduktion, wobei das abhängig von der Niederschlagsmenge und der geographischen Lage ist. Weltweit führend ist in diesem Sektor China, gefolgt von Kanada und Brasilien. In Deutschland wurden 2018 etwa 3 % der Bruttostromerzeugung aus Wasserkraft gewonnen. Durch die lange Trockenheit 2018 lag der Wert aber deutlich unter der Erzeugung der Vorjahre, erreichte sogar laut Bundesumweltamt den niedrigsten Stand seit 1991. Die Dürreperioden werden leider weltweit zunehmend ein Problem für die Branche.

Aber wie funktioniert das mit der Wasserkraft und der Stromerzeugung?

Man unterscheidet LAUFWASSERKRAFTWERKE, die an Flüssen gebaut sind und die Energie des fließenden Wassers nutzen. Zudem gibt es SPEICHERKRAFTWERKE an Stauseen. PUMPSPEICHERKRAFTWERKE können die Energie besonders gut speichern und GEZEITENKRAFTWERKE nutzen die Kraft von Ebbe und Flut und setzen sie in Energie um.

Sowohl in Lauf- als auch in Speicherkraftwerken an Stauseen wird Wasser gestaut, es entsteht ein Höhenunterschied. Je höher die Fallhöhe des Wassers ist, desto größer ist die Kraft des Wassers, die zur Energiegewinnung genutzt werden kann. Im Kraftwerk befinden sich Turbinen, die durch Schaufelräder vom Wasser in Bewegung gebracht werden. Die Turbinen treiben Generatoren an, die ähnlich wie ein Fahrraddynamo

Strom erzeugen. Vom Kraftwerk aus wird der Strom transformiert und ins Stromnetz eingespeist.

Auch Pumpspeicherkraftwerke erzeugen Strom, aber ihr wichtigstes Ziel ist, Strom zu speichern. Dies ist ja vor allem bei Wind- und Solaranlagen das Problem. In diesen Werken wird das Wasser als Speichermedium genutzt. Große Wassermengen werden in zwei höhenverschiedenen Staubecken gesammelt. Ist überschüssiger Strom im Stromnetz, weil beispielsweise nachts nicht so viel Strom verbraucht wurde, fließt dieser Strom ins Pumpspeicherwerk. Hier wird mit Pumpen Wasser aus dem unteren Becken in das obere gepumpt. Wenn nun zu einem anderen Zeitpunkt zusätzlich Strom benötigt wird, kann dieser wieder erzeugt werden, indem das Wasser von oben wieder nach unten fließt, Turbinen in Gang setzt, die Generatoren antreiben und Strom erzeugen.

Gezeitenkraftwerke nutzen die Bewegung von Ebbe und Flut. Sie stehen am Meer oder Flussmündungen. Je größer der Tidenhub, desto mehr Strom kann erzeugt werden. Dabei können die Turbinen sowohl bei Ebbe, als auch bei Flut angetrieben werden. Allerdings ist hier keine kontinuierliche Stromerzeugung möglich.

Wasserkraftwerke sind generell umweltfreundlich. Sie produzieren CO_2-arm Strom und verbrauchen keine Rohstoffe. Das genutzte Wasser gelangt zurück in die Flüsse und dadurch, dass Sauerstoff im Kraftwerk ins Wasser geleitet wird, im verbesserten Zustand. Heutzutage werden Eingriffe in die Natur, wie Änderungen von Flussläufen, beispielsweise durch das Bauen von Fischtreppen ausgeglichen. Stauseen können zudem als Trinkwasserreservoir und Hochwasserschutz genutzt werden.

Nachteile sind der Eingriff in die Natur und in den Wasserhaushalt. Der Bau von Staudämmen verändert Ökosysteme, überschwemmt Landschaften und zwingt Menschen ihre Häuser zu verlassen. Durch verringerte Fließgeschwindigkeit kommt es zu einer geringeren Sauerstoffkonzentration im Wasser und einer erhöhten Wassertemperatur. Außerdem kann der Grundwasserspiegel im Bereich des Unterlaufs stark abnehmen. Fische und Kleinstlebewesen werden zu unnatürlichen Wanderungen gezwungen. Zudem besteht die Gefahr des Dammbruchs, was weltweit gesehen fast jedes Jahr irgendwo auftritt. In den letzten Jahren war zudem die Kontinuität durch die langen Trockenperioden gefährdet.

Die Klimaerwärmung stellt durch gebietsweise lange Dürreperioden die Wasserkraftförderung vor große Herausforderungen, denn einige Wasserspeicher trocknen schlichtweg aus. In einigen Fällen wird nun der Umbau zu Pumpspeicherwerken erwogen. In Kombination mit Wind- und Solarenergie kann die teils sehr wetterabhängige Stromerzeugung so über die Wasserkraftwerke gespeichert werden und man ist nicht mehr abhängig vom Wetter.

Um die umweltfreundliche Wasserkraft noch besser nutzen zu können, aber dennoch Rücksicht auf die Natur zu nehmen, macht es Sinn, die vorhandenen Wasserkraftwerke durch modernere Turbinen noch effizienter auszubauen. Neue, kleine Wasserkraftwerke haben Befürworter, aber auch Gegner. Die einen sagen, sie sind ökologisch vertretbarer. Die Kritiker mahnen an, dass der Eingriff in die Natur nicht im Verhältnis zur gewonnen Energie kleiner Werke steht.

Eine neuartige, wirklich interessante Idee ist die Nutzung von ABWASSERKANÄLEN. Es müssen spezielle Turbinen entwickelt werden, aber ökologisch ist das weitgehend unbedenklich. Auch ein Eingriff ins Landschaftsbild und eine Beeinträchtigung für die Fischwelt sind hier kein Thema. Zudem kann Strom dezentral, quasi direkt beim Verbraucher produziert werden, da es fast überall Abwasserkanäle gibt. Mal schauen, ob das eine Zukunftsperspektive der Wasserkraft wird.

IN DEUTSCHLAND WURDEN 2018 ETWA 3 % DER BRUTTOSTROMERZEUGUNG AUS WASSERKRAFT GEWONNEN. DURCH DIE LANGE TROCKENHEIT 2018 LAG DER WERT ABER DEUTLICH UNTER DER ERZEUGUNG DER VORJAHRE.

>>> STROM AUS DER SAHARA

Die Sonne ist unsere größte Energiequelle, die es tagtäglich auf unserem Planeten kostenlos gibt. Zum Beispiel in Nordafrika scheint sie zuverlässig und konstant. Theoretisch bräuchte man dort nur eine Fläche von 300 mal 300 Kilometern, um die ganze Welt mit Solarstrom zu versorgen. Die Vorstellung ist, wie ich finde, wirklich unglaublich. Das Problem sind die Speicher- und Transportmöglichkeiten.

Trotzdem sind von verschiedensten Firmen riesige Solarkraftwerke, beispielsweise in Tunesien in Planung, so groß wie 14 000 Fußballfelder, die über zwei Millionen Haushalte mit Elektrizität in Europa versorgen sollen. Zum einen gibt es die Idee, tausende Spiegel im Kreis anzuordnen, die die Sonnenstrahlung auf einen Wärmespeicher projizieren, der mit Flüssigsalz gefüllt ist. Dieses Flüssigsalz hat den Vorteil, dass es tagsüber so heiß wird, dass auch nachts noch die Temperatur ausreicht, um Strom zu erzeugen. Der Gleichstrom, der dort entsteht, soll über drei Leitungswege verlustarm nach Europa gebracht werden. Das erste Unterseekabel könnte nach Malta gehen, da Malta bereits mit dem europäischen Stromnetz verbunden ist. Dann sollen zwei neue Kabelsysteme nach Italien und Frankreich entstehen. Schon in fünf Jahren könnte der erste Strom aus Afrika nach Europa fließen. Außerdem würde die Wirtschaft im armen Afrika angekurbelt werden und auch vor Ort hätten die Menschen Strom, was ja derzeit noch keine Normalität ist.

Auch ökologisch können Kraftwerke in der Wüste nicht viel kaputt machen, dort lebt und wächst ja fast nichts. Aber die unsichere, politische Situation in den Ländern Nordafrikas erschwert die Investitionen.

Ein weiterer Vorteil der Stromproduktion in der Sahara ist, dass die Wüste wieder grün werden könnte, denn Photovoltaikanlagen würden die helle Wüstenoberfläche dunkel machen. Das ist ganz einfache Physik, denn dadurch werden die unteren Luftschichten wärmer und könnten mehr Feuchtigkeit, vor allem in den Randzonen der Sahara, aufnehmen, was zu Wachstum von anspruchslosen Pflanzen führen würde.

Da es fast keine Vegetation, vor allem hohe Bäume in der Wüste gibt, machen auch Windkraftwerke hier Sinn. Sie fangen viel Windenergie ein und durchmischen außerdem die Luftschichten. Auch das würde zur Aufnahme von mehr Feuchtigkeit führen. So würden mehr Pflanzen in der Region wachsen, was wiederum zu mehr Regen führen würde.

Man könnte also zwei Fliegen mit einer Klappe schlagen. Es könnte saubere Energie durch Sonne und Wind produziert werden, die die Region mit Strom, aber auch weite Teile Europas mit Energie versorgen könnte und gleichzeitig wird der Lebensraum Sahara lebenswerter und die Region gestärkt.

Das wiederum würde das Flüchtlingsproblem verkleinern: Mehr Wirtschaft in der Region bedeutet mehr Reichtum und damit einhergehend mehr Bildung, das wirkt sich auch auf die Bevölkerungsexplosion aus. Denn auch die ist ein riesiger Grund für unseren Klimawandel: Je mehr Menschen es auf der Erde gibt, desto mehr Energie wird benötigt. In den 1970er Jahren waren wir vier Milliarden Menschen, jetzt sind wir schon sieben Milliarden und für 2050 prognostizieren Wissenschaftler knapp zehn Milliarden Menschen. Schon jetzt verbrauchen wir jährlich 1,4 ERDEN an nachwachsenden Ressourcen.

STROM AUS DER SAHARA KÖNNTE WEITE TEILE EUROPAS MIT STROM VERSORGEN, ABER AUCH VOR ORT VIEL GUTES BEWIRKEN.

FRAGEN ÜBER FRAGEN

›››

>>> DAS OZONLOCH – FREUND ODER FEIND?

Ja, Ozon ist ein kompliziertes Thema. Ozon ist zwar immer das gleiche Gas, das Entscheidende ist jedoch wo es sich befindet – manchmal ist es gut und schützt uns vor der gefährlichen ultravioletten Strahlung, anderenorts ist es schlecht und führt zu Gesundheitsbeschwerden wie Asthma.

Aber der Reihe nach. Was ist Ozon eigentlich genau? Ozon ist ein Molekül, was aus drei Sauerstoffatomen besteht. Es ist ein bläulich bis farbloses Gas, mit der Summenformel O_3. Es hat einen stechenden Geruch, der an Chlor erinnert. Kommen wir zunächst zum »guten« Ozon: Unsere Erdatmosphäre besteht aus verschiedenen Schichten. In 15 bis 50 Kilometer Höhe befindet sich die STRATOSPHÄRE, in ihr liegt die Ozonschicht, die für uns Menschen, aber auch für Tiere und Pflanzen lebensnotwendig ist. Das Ozon in dieser Höhe filtert nämlich die energiereichen Anteile UV-B und UV-C aus dem Sonnenlicht heraus. Diese ultraviolette Strahlung kann bei uns Hautkrebs und Augenkrankheiten verursachen.

1929 haben Chemiker das erste Mal FCKWs hergestellt. Man konnte sie als Kühlmittel einsetzen und dabei waren sie weder giftig noch brennbar, weil sie ein sehr stabiles Element sind. Das ist allerdings auch der Nachteil, denn sie gelangten in die Stratosphäre. Dort zerfielen sie erst nach Jahren oder Jahrzehnten und setzten Chlor frei, was die dortige Ozonschicht zerstörte. Das bemerkten Wissenschaftler Ende der 1970er Jahre. Über der Antarktis tat sich jedes Jahr ein riesiges Ozonloch auf. 1987 wurde deshalb von allen Mittgliedern der Vereinten Nationen das MONTREAL-PROTOKOLL beschlossen, was weltweit alle ozonschädlichen Substanzen verbannte. FCKWs waren verboten und durften nicht mehr eingesetzt und hergestellt werden. Ein globaler Erfolg, denn das Ozonloch wuchs nicht weiter, sondern schrumpfte sogar ganz langsam von Jahr zu Jahr. Experten schätzen, dass sich die Ozonschicht bis Mitte dieses Jahrhunderts vollständig erholen könnte. Allerdings haben Wissenschaftler der Hochschule in Zürich 2018 entdeckt, dass sich die Ozonschicht im unteren Bereich der Stratosphäre zwischen dem 60. Breitengrad Süd und Nord nicht erholt, sondern dünner wird. Das zeigen Satellitendaten und beunruhigt die Forscher, denn in diesen Breitengraden wohnen sehr viele Menschen. In den Polarregionen nimmt zwar die Ozonkonzentration weiter zu, aber das ist in höheren Schichten.

Warum weiter unten die Ozonwerte dagegen zurückgehen, wissen die Wissenschaftler derzeit noch nicht wirklich. Sie vermuten den Klimawandel, der die atmosphärische Zirkulation verändert: Die Luft aus den Tropen wird schneller und tiefer Richtung Pol transportiert, dadurch wird weniger Ozon produziert. Auch sehr kurzlebige chlor- und bromhaltige Chemikalien aus der Großindustrie, quasi Ersatzstoffe für FCKW könnten eine Ursache sein. Die Lage wäre laut Wissenschaftler nicht alarmierend, aber besorgniserregend und müsse weiter erforscht und beobachtet werden.

Das BODENNAHE OZON ist ein großes Problem. Es gefährdet uns Menschen und auch Pflanzen. Es kann zu Reizungen der Augen, der Atemwege und den Schleimhäuten führen, es kommt zu Husten und vereinzelt verursacht es Einschränkungen der Lungenfunktion. Ozon kann tief in die Lunge eindringen und dort Zellmembranen zerstören. Schon geringe Konzentrationen von Ozon können zu Kopf- und Brustschmerzen sowie Schwindel führen. Man geht davon aus, dass etwa 10 bis 15 % der Bevölkerung (quer durch alle Bevölkerungsgruppen) sehr empfindlich auf Ozon reagieren. Der Grund liegt darin, dass Ozon ungesättigte Fettsäuren in unserem Organismus zersetzt. Vor allem im Sommer bei hohen Temperaturen, geringer Luftfeuchtigkeit, kaum Wind und viel Sonne steigen die Ozonwerte rasant an. Das Sonnenlicht zersetzt Luftschadstoffe wie Stickstoffdioxid (NO_2) in Bodennähe. Die freiwerdenden Sauerstoffatome reagieren mit dem Luftsauerstoff und werden zu Ozon. Werden die von der EU festgelegten Schwellenwerte von 180 Mikrogramm Ozon pro Kubikmeter Luft erreicht, muss die Bevölkerung benachrichtigt werden. Sie sollten dann ausdauernde körperliche Anstrengungen im Freien meiden. Werden Alarmwerte von über 240 Mikrogramm überschritten, sollte das Auto stehen gelassen werden. 260 Messstationen deutschlandweit überwachen die Konzentration bei uns. Wer empfindlich auf Ozon reagiert, sollte seinen Sport in die Morgenstunden legen. Denn vor allem am Nachmittag und Abend steigen die Werte deutlich an. Dabei bringt es nichts seinen Sport in den Wald zu verlegen, denn vor allem in den Außenbezirken und Vorstädten ist die Ozonkonzentration noch höher. In den Innenstädten dagegen sind die Werte erstaunlicherweise geringer, denn hier wird Ozon durch die Reaktion mit Stickstoffmonoxid aus Autogasen abgebaut.

Insgesamt ist die Ozonbelastung seit den 1990er Jahren durch bessere Katalysatoren bei unseren Autos und wirksamere Filteranlagen in der Großindustrie zurückgegangen.

Auch Pflanzen haben mit bodennahem Ozon zu kämpfen, es schädigt die Blätter und kann das Wachstum beeinträchtigen. Dazu finden Sie mehr im Kapitel über unsere Garten und Natur.

Es bleibt festzuhalten, Ozon ist eine Folge der Erderwärmung, dadurch entsteht in Bodennähe mehr, was uns Menschen und der Natur zu schaffen macht.

OZON KANN GUT UND SCHLECHT SEIN: IN DER STRATOSPHÄRE SCHÜTZT ES UNS VOR HAUTKREBS, AM BODEN KANN ES UNS KRANK MACHEN.

>>> STERBEN DIE EISBÄREN WIRKLICH AUS UND WIE GEHT ES NORD- UND SÜDPOL?

Der süß aussehende Eisbär auf seiner einsamen Eisscholle ist ein ziemlich plakatives, stark emotionales Bild und Symbol für den Klimawandel geworden.

Vor allem in der Arktis spürt man die Erderwärmung am meisten. In den vergangenen 40 Jahren ist eine Eisfläche geschmolzen, die etwa sechsmal so groß wie Deutschland ist. Das heißt am NORDPOL vollzieht sich die Erderwärmung noch deutlich schneller als in anderen Teilen der Welt, somit ist das Bild vom Eisbär gar nicht so unpassend. Die Arktis hatte in den vergangenen zehn Wintern durchschnittlich 15 % weniger Eis. Experten gehen davon aus, dass in Zukunft der Schwund noch schneller voranschreiten wird. Mit am stärksten betroffen ist dabei die BARENTSSEE. Hier sind die Winter mittlerweile im Schnitt fünf Monate kürzer als noch in den 1980er Jahren. Im Rest der Arktis sind es rund zwei Monate.

Diese Eisschmelze bedeutet für die Eisbären NAHRUNGSMANGEL. Sie hungern, denn sie ernähren sich hauptsächlich von Robben, die sie aber nur an deren Atemlöchern oder in Schneehöhlen auf dem Packeis zu fassen bekommen, da Eisbären langsamer schwimmen als Robben. Weniger Schnee und Eis bedeuten also weniger Nahrung, Verhungern und schlimmstenfalls das Aussterben. Deshalb attackieren die Eisbären auf der Suche nach etwas zu Fressen mittlerweile auch Siedlungen auf russischen Nordmeerinseln und plündern Müllhalden. Dabei können sie ganz schön aggressiv werden, lokale Behörden haben sogar schon den Notstand ausgerufen und mit der Vertreibung begonnen. Sowohl die Eisbären als auch die Menschen sind mit der Situation völlig überfordert.

Eisbären sind das zweitgrößte lebende Landraubtier, sie können bis zu zwei Meter fünfzig groß werden und wiegen teils eine halbe Tonne. Sie leben größtenteils in den küstennahen Packeisgebieten rund um den Nordpol im Norden Kanadas, in Grönland, Alaska, Russland und Spitzbergen. Eisbären sind nahezu perfekt an ihre Umgebung angepasst. Die behaarten Fußsohlen isolieren und funktionieren wie eine Anti-Rutsch-Sohle auf dem Eis. Die schwarze Haut unter den vielen weißen Haaren, die ölig und wasserabweisend sind, absorbiert perfekt das Sonnenlicht. In den Vordertatzen befinden sich kleine Schwimmhäute, sodass sie sehr gute Schwimmer sind. Sie können extrem gut riechen und hören. Im Gegensatz zu anderen Bärenarten sind sie fast ausschließlich Jäger. Im Winter und Frühling jagen sie vor allem Robben im Packeis und fressen sich Reserven an. Da durch die Erderwärmung das Eis immer früher abtaut, gibt es weniger zu jagen, die Bären hungern und verlieren an Gewicht. Vor allem für die eher südlich lebenden Eisbären bedeutet das häufig das Todesurteil. Die Weltnaturschutzunion schätzt, dass der Eisbärbestand bis 2050 um 30 % zurückgehen kann, obwohl sich die Population der Eisbären in den letzten Jahrzehnten eigentlich wieder recht gut erholt hatte. Nicht mehr die Jagd auf die Eisbären ist das große Problem, sondern der Klimawandel und die verstärkte Erdölförderung in arktischen Regionen. Sie nimmt den Eisbären ihren Lebensraum.

Schauen wir uns Grönland mal genauer an:

Das grönländische Eisschild ist nach der Antarktis das zweitgrößte Eisschild auf unserer Erde. 82 % von Grönland sind permanent mit Eis bedeckt, im Mittel ist das Eis etwa 1,5 Kilometer dick. Bis in die 1970er Jahre hinein nahm die Eismasse dort noch zu, seitdem nimmt sie stetig ab. Ein internationales Forscherteam, welches Daten von 1972 bis 2018 analysiert hat, fand heraus, dass sich seit den 1980er Jahren der Verlust des Grönland-Eises versechsfacht hat. Seit 2010 geht es noch schneller. Die University of California geht von rund 290 GIGATONNEN Eisverlust jährlich aus. Mal zum Vergleich: Der Bodensee enthält knapp 50 Gigatonnen Wasser.

Die gute Nachricht ist, durch das Abschmelzen der Schollen des arktischen Meereseises steigt der Meeresspiegel nicht an, denn auch vor dem Abschmelzen schwimmt ja das Eis auf dem Meer und verdrängt Wasser. Füllen Sie ein Glas fast randvoll mit Wasser auf und geben Sie Eiswürfel dazu. Sie werden sehen, wenn die Eiswürfel geschmolzen sind, läuft das Glas nicht über.

Beim Eisschild Grönlands sieht es anders aus, das ist Inlandeis, das sind keine schwimmenden Schollen. Allein der Masseverlust des Gletschers seit 1972 entspricht einen Meeresspiegelanstieg von 13,9 MILLIMETER, die Hälfte davon in den letzten acht Jahren.

Forscher gehen davon aus, wenn es eine globale Erwärmung von 4 Grad geben würde, könnte ganz Grönland in 8000 Jahren eisfrei sein. Das wäre mit einem Meeresspiegelanstieg von unglaublichen 7,2 Meter verbunden. Zudem würde der GOLFSTROM langsamer werden, was wiederum zur Folge hätte, dass es im Nordatlantik und in Westeuropa langsamer warm werden würde. Alles beängstigend, aber bisher zum Glück nur Hypothesen.

Allerdings sieht man durch das Abschmelzen des Nordpols schon erste Wetterveränderungen: In den mittleren Breiten kommt es zunehmend zu extremerem Wetter. Der Grund dafür ist der JETSTREAM, das Starkwindband in zehn Kilometer Höhe. Atmosphärenforscher des Alfred-Wegner-Instituts konnten belegen, dass er schwächelt. Sein Motor sind die großen Temperaturunterschiede zwischen Äquator und Pol, aber dadurch, dass es vor allem am Nordpol zunehmend wärmer wird, sind die Unterschiede nicht mehr so groß. Der Jetstream MÄANDRIERT, das heißt, er bildet Wellenberge und Wellentäler. In den Bergen bilden sich Hochdruckgebiete, in den Tälern Tiefs. Er zieht von West nach Ost über Nordamerika und Europa und bestimmt hauptsächlich unser Wetter. Durch den Klimawandel werden die Winde des Jetstreams aber schwächer und das bedeutet, es kommt bei uns zu extremerem Wetter. Im Sommer sind mehr und längere Hitzeperioden und Dürren möglich, wie 2003, 2006, 2015, 2018 und 2019. Im Winter kann es zu ungewöhnlichen Kaltlufteinbrüchen aus der Arktis bei uns kommen. Wie zum Beispiel im Januar 2019, als extreme Kälte den mittleren Westen der USA heimsuchte. Die Wissenschaftler gehen davon aus, dass diese Extremwettersituationen in den mittleren Breiten durch den Rückgang des arktischen Meereseises weiter zunehmen werden.

Einen Trost mit schlechtem Beigeschmack hat der eisfreie Norden: Die Tankerschiffe nach Asien sparen viel Zeit und Sprit, denn sie können statt über den Suezkanal fast das ganze Jahr über das eisfreie Nordmeer fahren.

Auch am SÜDPOL sieht es nicht besser aus. Neueste Beobachtungen mit Satelliten und Bodenmessungen lassen dicke Sorgenfalten bei den Klimaforschern entstehen. Wissenschaftler der Universität Leeds haben herausgefunden, dass der eisige Kontinent pro Jahr rund 219 MILLIARDEN TONNEN Eis verliert. Damit hat sich der Eisverlust gegenüber 1992 bis 2012 verdreifacht. Zunehmend lösen sich größere Eisberge und driften nach Norden, wie 2018. Dort löste sich ein Schelfeisbrocken siebenmal so groß wie Berlin. Diese Eisberge schwimmen Richtung Norden und schmelzen, das führt natürlich zu einem Meeresspiegelanstieg. Insgesamt ist dieser durch die Schmelze am Südpol von 1992 bis 2017 schon um 7,6 MILLIMETER gestiegen. Das hört sich erstmal wenig an, da aber das Wasser weltweit gesehen sehr ungleich verteilt ist, bedeutet das für Regionen wie die Philippinen Hochwasser. Am meisten ist der Eismasseverlust in der Westantarktis erkennbar. Dagegen nimmt die Eismasse im Osten des Kontinents, man mag es kaum glauben, durch starke Schneefälle sogar zu. Allerdings sind dieses Erkenntnisse etwas unsicher, da die Messungen in der Ostantarktis kompliziert sind. Kleine Messfehler haben hier große Auswirkungen und die Schneemengen schwanken stark.

Auch beim Thema Arktis und Antarktis ist entscheidend, wie die globale Politik die Erderwärmung in den Griff bekommt und wann. Je schneller wir den Treibhausgasausstoß reduzieren, desto besser geht es den Polen. Und die sind sehr wichtig für das Klima auf unserer Erde.

DAS ABSCHMELZEN DES EISES IN DER ARKTIS UND ANTARKTIS BEEINFLUSST DAS WELTWEITE KLIMA UND FÜHRT ZUM ANSTIEG DES MEERESSPIEGELS.

››› ARTENSTERBEN: NACH DEN KORALLEN TAUCHEN

Was machen wir Menschen nur: Wir produzieren zu viele Schadstoffe, roden zu viel und betreiben zu viel intensive Flächennutzung. Damit lassen wir unseren Tieren auf der Erde gar keinen Raum mehr. Einige Wissenschaftler sprechen vom größten Artensterben seit dem Verschwinden der Dinosaurier vor rund 60 Millionen Jahren.

Da wir mehr Treibhausgase in die Luft jagen als unsere Wälder und Ozeane aufnehmen können, wird es immer wärmer und das bekommt so einigen Tieren, unter anderem den Korallen nicht. Viele Tierarten versuchen in kühlere Regionen auszuweichen, aber wenn das nicht gelingt, sterben sie aus.

Die Korallen dürften die ersten Arten sein, die davon betroffen sind, denn bei ihnen ist das mit dem Ausweichen in kühlere Lebensräume nicht so einfach.

Korallen sind biologisch gesehen Tiere, die mit einzelligen Algen in Symbiose leben. Diese Nesseltiere bekommen von den Algen Sauerstoff und Energie und die Algen erhalten im Gegenzug von den Korallen CO_2, Stickstoff- und Phosphatverbindungen. Vor allem die Steinkorallen bauen Riffstrukturen auf, die irgendwann zu Atollen, Korallenriffen werden. Die bezeichnet man auch als die TROPISCHEN REGENWÄLDER DER MEERE. Dort leben nämlich zahlreiche Pflanzen und Tiere. Mehr als 60 000 LEBEWESEN sind bekannt, die hier ihr Zuhause haben, man vermutet es sind bis zu einer Million Arten. Korallenriffe wachsen sehr langsam und sind sehr alt. Man findet sie in tropischen Küstengewässern, wo die Wintertemperatur über 18 Grad liegt. Die weltweiten Riffareale werden auf etwa 617 000 Quadratkilometer geschätzt. Obwohl sie nur 0,1 bis 0,2 % der globalen Meeresfläche ausmachen, leben in ihnen circa ein Drittel aller bekannten Arten. Sie beherbergen mehr als 25 % aller Meeresfische, die uns bekannt sind und gehören damit zu einer der wichtigsten Nahrungsquellen für viele Küstenbewohner. Außerdem dienen sie als natürlicher Küstenschutz und sind für den Tourismus einiger Länder von großer Bedeutung.

Aber die Korallenriffe sind im großen Maße bedroht. Etwa 58 % der weltweiten Riffareale gelten als gefährdet. Seit Jahrzehnten sind vor allem Verschmutzung und Überfischung ein Thema, aber zunehmend gilt der Klimawandel als große Gefahr. Das bedeutet zum einen, ein Anstieg des Meeresspiegels, zudem steigt die Wassertemperatur, die Meere versauern und die Küstenregionen werden von heftigeren Stürmen heimgesucht, da es durch den Klimawandel zu extremerem Wetter kommt.

Zwar passen sich Korallenriffe dem Meeresspiegelanstieg an, der passiert ja auch recht langsam, das zeigen Zeugnisse der letzten Eiszeit. Aber damals waren die Korallenbänke auch unbeschädigt und stark, heute sind sie geschwächt. Wissenschaftler gehen zudem davon aus, dass der Meeresspiegelanstieg in den kommenden Jahrzehnten deutlich schneller vorangeht und damit kommen die Nesseltiere dann nicht mehr zurecht.

Der pH-Wert der Ozeane wird immer saurer, was den Wissenschaftlern große Sorgen bereitet. In den Riffen werden große Mengen Kalk gehalten. Bei der Karbonatverwitterung wird Kohlenstoff freigesetzt, somit sind die Korallenriffe Bestandteil des Kohlenstoffkreislaufs. Dieser wird durch die Erhöhung des atmosphärischen und somit auch des gelösten ozeanischen CO_2 zunehmend durcheinandergebracht. Deshalb befürchten die Forscher, dass die Versauerung der Meere negative Auswirkungen auf die Riffe haben könnte.

Vor allem mit den höheren Wassertemperaturen kommen Korallenriffe schlecht zurecht. Sie reagieren darauf mit KORALLENBLEICHE, die ein Zeichen für den Zusammenbruch der Symbiose von Korallen und Algen ist, die Lebensgrundlage der Korallen.

Zudem gehen leider so einige Touristen nicht behutsam mit dem Ökosystem Korallenriff um. Durch achtloses Betreten der Korallen werden immer wieder Riffe kaputt gemacht.

Es ist noch umstritten, ob durch den Klimawandel Hurrikans an Stärke und Anzahl zunehmen, aber amerikanische Studien belegen, dass die Riffe nach Hurrikanschäden mindestens acht Jahre brauchen, um sich wieder zu erholen. Wenn man sich die vergangenen Jahrzehnte anschaut, wurden einige Küstenregionen schon häufiger von heftigen Stürmen heimgesucht, das erschwert die Erholungsphase.

Unumstritten ist, dass zu viel Müll heutzutage vor allem durch die Entwicklungsländer in den Meeren entsorgt wird. Experten schätzen, dass es ZEHN MILLIONEN TONNEN im Jahr sind, Dreiviertel davon Plastik. Natürlich bekommt das den Korallenriffen und allgemein der Flora und Fauna der Ozeane gar nicht und viele Tiere verenden.

Einer Studie im Auftrag der Fachzeitschrift »Science« nach könnte durch den Temperaturanstieg JEDE SECHSTE TIERART im nächsten Jahrhundert weltweit aussterben. Vor allem Neuseeland und Australien sind betroffen, da Pflanzen und Tiere durch den Ozean eingeschränkt sind und keine Ausweichstandorte finden können. Und auch in Südamerika könnte es viele kleinere Populationen aus dem tropischen Regenwald treffen, der mehr und mehr abgeholzt wird. Natürlich gibt es zu jeder Studie eine Gegenstudie. Aber wirklich interessant ist: Wissenschaftler haben sich mit statistischen Verfahren einmal 131 verschiedene Studien angeschaut und verglichen. Dabei kommt heraus, dass die Aussterberate umso höher ausfällt, je schneller wir Menschen die Erderwärmung vorantreiben. Das heißt, auch unserer Flora und Fauna kommt es zugute, wenn wir den CO_2-Ausstoß wenn möglich auf null setzen, dann verschwinden auch nicht mehr so viel Pflanzen- und Tierarten von unserem Planeten. Aber so komplex der Klimawandel ist, so komplex ist auch die Tier- und Pflanzenwelt auf der Erde.

Wenn man nach Europa schaut, sehen wir zum Beispiel an den Zugvögeln, dass der Klimawandel so einiges verändert. Durch die verlängerten Sommermonate fliegen die Zugvögel erst später los und kommen früher. Das merkt vor allem der freche Kuckuck, der kommt nämlich gewöhnlich erst Ende April zurück. Da haben aber die meisten anderen Vögel schon gebrütet und er kann nirgendwo mehr sein Kuckucksei untermogeln.

Ohne unsere Pflanzen und Tiere wird unser Planet lebensunfähig. Gegen das Massensterben von Flora und Fauna gibt es keine technische Lösung. Artenschutz kostet Geld und ist zeitaufwendig, aber er ist notwendig und muss weltweit intensiver betrieben werden. Luft zum Atmen, Wasser zum Trinken und fruchtbare Böden zum Bewirtschaften sind nicht kostenlos und stehen nicht unbegrenzt zur Verfügung.

››› WAS TUT DIE POLITIK?

Ja, zu unserer Politik hat jeder etwas zu sagen und meistens ist es nichts Gutes. Aber wollen Sie mal tauschen? Es ist gar nicht so einfach, im Sinne der Gesellschaft zu handeln und es allen recht machen zu müssen.

Aber Fakt ist auch, dass in den letzten Jahren die Politik den Klimawandel verschlafen hat. Der Hauptgrund ist wahrscheinlich, dass sich Investitionen in die weite Zukunft nicht lohnen und meist nicht hilfreich für die nächste Wahl sind. Zudem haben die Parteien durch Spenden aus der Wirtschaft bestimmten Zugzwang. Klimaschutz kostet Geld.

Durch die »FRIDAYS FOR FUTURE«-BEWEGUNGEN der Schüler und Studenten werden die Politiker langsam wachgerüttelt und das Thema Klimaschutz rückt wieder mehr in den Fokus, zum Glück! Die Überlegungen der Politik gehen jetzt immerhin schon in die richtige Richtung, aber verbindliche Zusagen sind nötig, und das in vielen Bereichen wie beispielsweise Energie, Verkehr und Landwirtschaft. Zudem kann Deutschland allein das Klimaproblem nicht lösen, es ist ein GLOBALES Problem, alle Länder müssen mitmachen. Wir in Deutschland produzieren im Moment etwa 2 % der globalen Emissionen. Aber wir sollten sowohl bei den Innovationen als auch bei der Umsetzung eine Vorbildfunktion einnehmen und damit schmücken wir uns im Moment noch nicht wirklich.

Seit 1997 treffen sich viele Staaten, um einheitliche Rahmenbedingungen zum weltweiten Umdenken zu schaffen. Der Anfang war das KYOTO-PROTOKOLL, was die ersten Rahmenbedingungen für einen globalen Klimaschutz geben sollte. Die Idee war und ist gut, nur hat sich fast niemand daran gehalten. In den jedes Jahr stattfindenden nachfolgenden UN-Klimakonferenzen wird immer wieder nachverhandelt. Länder treten aus und kommen wieder dazu, die Einigkeit lässt zu wünschen übrig. Um das gesteckte Ziel, eine Erwärmung auf 1,5 Grad zu begrenzen, schaffen zu können, müssten weltweit die Treibhausemissionen auf null gefahren werden. Das ist ein ehrgeiziges Ziel, was aber im Moment nicht sehr realistisch wirkt. Der Weltklimarat hat 2018 einen Bericht veröffentlicht, der den Unterschied zwischen 1,5 und 2 Grad Erwärmung zeigt. Für viele Regionen der Welt, ob es die Südseeinseln oder Länder wie Bangladesch sind, die zum größten Teil unter dem Meeresspiegel liegen, könnten 1,5 Grad lebensrettend sein. Allerdings bedeutet es leider auch nicht, dass es, wenn wir das 1,5 Grad-Ziel bis Mitte des Jahrhunderts erreichen, keine katastrophalen Änderungen geben wird. Auch 1,5 Grad bedeuten für einige Regionen grundlegende Veränderungen für Mensch und Natur – Trinkwasserknappheit und große Migrationsströme werden weiter zunehmen.

Uns Verbrauchern fällt es meist leichter, wenn Rahmenbedingungen, Gesetze und Vorschriften von der Politik kommen, dann halten sich auch die meisten daran. Die liebgewonnenen Gewohnheiten ablegen und aus einer intrinsischen Motivation heraus, seine Verhaltensmuster zu ändern, fällt vielen schwer. Deshalb sollte Klimaschutz auch für die Bundesregierung erste Priorität haben. Auch wenn wir Verbraucher uns vornehmen, auf das Auto zu verzichten, eine Bahnschiene in den ländlichen Raum können wir nicht selbst buddeln. Ein ökologisch sinnvolles Verkehrskonzept können nur die Politiker stricken. Auch klimaschonende durchdachte Landwirtschaft mit sinnvollen Transportwegen bekommen wir nur durch bessere Gesetze zustande, die muss die Bundesregierung verabschieden. Es ist gut, wenn wir zu Hause viel Strom sparen, aber schnell mal abends ein Kohlekraftwerk vom Netz nehmen, können wir nicht. Die Energiewende muss die Politik umsetzen mit verbindlichen Zielen und klaren Vorgaben für uns Verbraucher.

Am 20. September 2019 hat die Bundesregierung ihr KLIMASCHUTZPAKET vorgestellt, Anfang Oktober 2019 wurde es vom Bundeskabinett verabschiedet und im Dezember musste nachverhandelt werden. Zunächst muss festgestellt werden, dass Deutschland mit diesem Paket die Bedingungen des Pariser Abkommens kaum einhalten kann.

Schauen wir auf die CO_2-Steuer. Gegenstand der Diskussion war, was ist sinnvoller: die CO_2-Steuer oder Zertifikate, welche frei aushandelbar sind? Im Klimaschutzpaket wurden beide Varianten gemischt. Aber ein Preis von 25 € pro Tonne CO_2 (2021), bzw. ab 2026 55 bis 65 € pro Tonne CO_2 ist einfach zu wenig. Ab 2026 soll der Preis mit Verschmutzungsrechten dann teils dem Markt überlassen werden, aber mit maximal 65 €

gedeckelt werden. Das würde bedeuten, dass sich ein Liter Sprit jetzt um 3 Cent, später um 11 Cent verteuern würde. Außerdem steht im Pakt, dass die Pendlerpauschale erhöht wird. Das hat aber zur Folge, dass Autofahren günstiger wird als Bahnfahren – ist das klimafreundlich?

Gehen wir weiter in den VERKEHRSBEREICH: Beim Emissionsrückgang ist Deutschland das Sorgenkind! Zwar soll die Kfz-Steuer leicht erhöht werden, aber viel zu wenig. Ja, immerhin wird Bahnfahren günstiger, da die Mehrwertsteuer auf 7 % statt 19 % reduziert wird, aber wirklich reizvoller wird die Bahn dadurch nicht. Zudem fällt der Aufschlag fürs Langstreckenfliegen sehr gering aus, und das senkt den Kerosinverbrauch nicht.

Im Bereich Wärme wird zwar der Austausch von Ölheizungen mehr gefördert und ab 2035 dürfen keine neuen Ölheizungen mehr eingebaut und Gasheizungen sollen gefördert werden. Aber auch Gas ist auf Dauer nicht die Lösung. Schauen wir auf Dänemark und Norwegen, dort wird beides verboten und Alternativen gefördert.

Bei den erneuerbaren Energien haben wir es in den letzten 30 Jahren geschafft, dass 14 % Energiebedarf im Moment von Wärme, Strom und Verkehr zusammen, aus regenerativen Energiequellen kommen. Nun haben wir nochmal 30 Jahre, um 100 % zu erreichen – das ist das Ziel. Ist es erreichbar? Mit den geplanten Förderungen aus dem Klimaschutzpaket der Regierung für Wind, Solar, Wasser und Geothermie eher kaum. Im Gegenteil, die Abstände von Windkraftanlagen zu Gebäuden wird durch den neuen Pakt vergrößert, damit fallen viele Flächen weg. So hat Deutschland keine Chance allein ohne Importe emissionsneutral zu werden.

WIR IN DEUTSCHLAND PRODUZIEREN IM MOMENT ETWA 2 % DER GLOBALEN EMISSIONEN. ABER WIR SOLLTEN SOWOHL BEI DEN INNOVATIONEN ALS AUCH BEI DER UMSETZUNG EINE VORBILDFUNKTION EINNEHMEN UND DAMIT SCHMÜCKEN WIR UNS IM MOMENT NOCH NICHT WIRKLICH.

⟩⟩⟩ WAS BEDEUTET DIE CO_2-STEUER?

Ich möchte noch einmal auf die CO_2-Steuer zurückkommen. Die Mineralöl- und Ökosteuer gibt es ja in Deutschland schon (die Ökosteuer sogar schon seit über 20 Jahren), aber das kam dem Klimaschutz bisher kaum zugute. Deutschland ist etwas hinterher. Andere Länder sind deutlich innovativer und haben schon vor Jahrzehnten die CO_2-Steuer eingeführt.

Bei der CO_2-Steuer soll es nun gerecht zugehen: Wer ein großes Auto fährt, welches viel Emissionen verursacht, muss mehr zahlen. Und wer weniger verdient, soll auch mehr vom Staat zurückbekommen. Insgesamt soll damit angeregt werden, dass unsere komplette Mobilität umgestellt wird auf Schienenverkehr und Elektrofahrzeuge. Zunächst geht es da an den Benzinpreis, durch die CO_2-Steuer wird er um etwa 3 Cent pro Liter steigen. In den nächsten Jahren ist da deutlich mehr vorgesehen, denn vor allem unsere Autos verursachen viele Emissionen.

Eine klimabewusste Lebensweise wird belohnt: Wer beispielsweise ein E-Auto fährt oder sein Haus gut gedämmt hat, kann sogar Plus bei der »KLIMAPRÄMIE« machen und bekommt mehr Geld wieder, als man an CO_2-Steuer zahlt. Zudem beteuert die Bundesregierung, dass alle Einnahmen der CO_2-Bepreisung NUR für Klimaschutzmaßnahmen eingesetzt werden. Es bleibt also spannend.

>>> WO KÖNNTE MAN NOCH VIELE TREIBHAUSEMISSIONEN EINSPAREN?

Wir reden immer über unsere Autos, allgemein den Verkehr, über den Wärmesektor und die Energiewende. Ja, das meiste CO_2 wird hier produziert, das stimmt. Aber auch in der BAUWIRTSCHAFT, im MILITÄR und in der LANDWIRTSCHAFT werden extrem viele Treibhausgase ausgestoßen. In diesen drei riesigen Bereichen sowie bei den Containerschiffen könnten sehr große Mengen Treibhausgase eingespart werden. Stichwort Baubranche: Seit Jahren gibt es einen beispiellosen Bauboom auf der Welt. Überall entstehen Wolkenkratzer, Häuser, Straßen und Siedlungen. Zum einen ist das gut, es schafft Arbeit, kurbelt die Wirtschaftskraft an. Zum anderen hat es natürlich auch negative Effekte: Böden werden versiegelt, Wälder gerodet und Natur zerstört. Außerdem wird der Rohstoff Sand, der zur Herstellung von Zement und Beton nötig ist, allmählich knapp. Riesige Küstengebiete und Inseln werden mittlerweile abgebaggert, um Nachschub zu bekommen, das hat natürlich enorme Folgen für die dortigen Ökosysteme. Wussten Sie außerdem, dass bei der Entstehung des wichtigen Baustoffs Zement Unmengen CO_2 entstehen? Jüngsten Schätzungen zufolge verursacht die Zementherstellung 8 % der weltweiten CO_2-Emissionen. Das ist eine Menge, mal zum Vergleich: Deutschland verursacht etwa 2,2 % am globalen CO_2-Ausstoß, die USA sind für 16 % verantwortlich. Lösungsvorschläge gibt es, bisher wurden aber noch keine großen Maßnahmen ergriffen. Fast die Hälfte der Zement-Emissionen entsteht durch Hitze und Strom, die bei der Herstellung nötig sind. Wenn man hier die fossilen Quellen durch Regenerative ersetzen würde, könnte man schon eine Menge tun. Die andere Hälfte der Emissionen sind Prozess-Emissionen, wenn in den Zementöfen Kalkstein zu Zementklinker umgewandelt wird – bei dieser chemischen

Reaktion wird Kohlendioxid freigesetzt. Bei der Herstellung von einer Tonne Zement fällt zusammengerechnet eine Tonne Kohlendioxid an. Ersetzt man Kalkstein durch Magnesiumsilikat, was kohlenstofffrei ist, würden weitere Emissionen eingespart werden können. Beides würde gut tun, aber noch wichtiger ist es, WENIGER Zement herzustellen und beispielsweise auf HOLZ umzusteigen. Es wächst nach, Kohlenstoff bleibt gebunden, es hat eine wunderbare Dämmeigenschaft und gibt ein viel gesünderes Wohnklima.

Kluge politische Maßnahmen vor allem in den Schwellenländern, aber auch in Industrienationen könnten Häuser und Siedlungen fördern, die energieeffizient gebaut werden. Durch klimaschonendere Materialien, eine widerstandsfähigere Infrastruktur und moderne Gebäudetechnik in Kombination mit einer Politik, die die richtigen Investitionen fördert, könnte eine Menge getan werden (siehe »Stadtklima«).

Kommen wir nun zum Militär und schauen uns zunächst das US-MILITÄR an. Nach einer Studie der Royal Geographical Society verbraucht die US-Armee mehr flüssigen Kraftstoff als beispielsweise Dänemark, Schweden oder Portugal. Wenn das amerikanische Militär ein Land wäre, würde es weltweit an 47. Stelle stehen, wenn es um den Ausstoß von Treibhausgasen geht und dabei ist »nur« die Kraftstoffnutzung berücksichtigt. Um ihre globalen Einsatzfähigkeiten aufrechtzuerhalten, benötigen die amerikanischen Streitkräfte ein ausgedehntes Netz an Containerschiffen, LKWs und Frachtflugzeugen, die Unmengen CO_2 emittieren. 2017 benötigte das US-Militär täglich fast 43 MILLIONEN LITER ÖL, dabei wurden etwa 25 MILLIONEN TONNEN KOHLENDIOXID ausgestoßen. Der CO_2-Fußabdruck des amerikanischen Militärs ist also enorm und hat einen wesentlichen Einfluss auf den globalen Klimawandel. Aber dies wird nie angesprochen, weder von den Amerikanern noch von anderen Staaten. Auf dieser Ebene könnte aber viel an Treibhausgasen eingespart werden.

Allgemein ist es schwierig, hier an gute Daten heranzukommen, das gilt auch für Deutschland. Da erfährt man aus dem Verteidigungsministerium, dass der CO_2-Ausstoß der Bundeswehr im Inland gerade mal 0,2 % der Gesamtemissionen Deutschlands ausmacht. Fakt ist, im Militär werden durch LKWs, Hubschrauber, Flugzeuge, die Marine, Marschflugkörper, Raketen, Munition und Bomben sowohl in der Produktion als auch in der Benutzung viele Treibhausgase und viel Feinstaub in die Atmosphäre gepustet.

Schauen wir nun noch einmal in die LANDWIRTSCHAFT: Hier ist nicht das Kohlendioxid das große Problem, sondern eher METHAN (CH_4) und LACHGAS (N_2O). Beim CO_2 ist der Austausch mit der Atmosphäre nahezu ausgeglichen, da ja zum Teil Kohlendioxid gebunden wird, anderseits etwas davon ausgestoßen wird. Anders sieht es bei Methan aus, dieses Treibhausgas entsteht vor allem in der Rinderzucht und beim Reisanbau. Es verweilt zwar »nur« zehn Jahre in der Atmosphäre, ist aber 25-mal treibhauswirksamer als Kohlendioxid. Lachgas kommt durch künstlichen Dünger in die Böden und entweicht von dort in die Atmosphäre. Dieses Treibhausgas hat es noch mehr in sich: Es ist 298-mal treibhauswirksamer als CO_2. Die durchschnittliche Lebenszeit in der Atmosphäre beträgt 121 JAHRE. Natürlich ist die Landwirtschaft auch Opfer der Erderwärmung, aber auch Mitverursacher. Weltweit gesehen, macht sie 10 bis 12 % der anthropogenen Treibhausemissionen aus. Schaut man sich Lachgas allein an, sind es sogar 60 %, bei Methan etwa 50 %. Durch die wachsende Erdbevölkerung steigen diese Werte ohne Maßnahmen in den nächsten Jahren weiter an. Um den Nahrungsmittelbedarf 2030 weltweit zu decken, muss durch die steigenden Bevölkerungszahlen die Nahrungsmittelproduktion um 50 % gesteigert werden. Das geht nur durch Intensivierung der Landwirtschaft und durch Ausweitung der Agrarflächen. Dabei steht das Thema BIOENERGIE immer wieder im Raum und wird heiß diskutiert: Ist es nun gut, dass wir als Monokulturen Raps und Mais anbauen, um daraus Biodiesel herzustellen oder gefährden wir dadurch die Nahrungsmittelsicherung und machen unser Böden durch die Monokulturen kaputt und erzwingen das Erweitern von Agrarfeldern und das Abholzen von Wäldern? Das ist ein schwieriges und globales Thema, was hier nicht ausdiskutiert werden kann. Allerdings sollten Sie auch diese Aspekte bei Ihrer persönlichen Bewertung des Klimawandels immer im Hinterkopf haben.

Auch wenn man sich nur Deutschland anschaut, sind die Zahlen erschreckend: Rund 60 % der gesamten Methan- und sogar 80 % der Lachgas-Emissionen Deutschlands stammen aus der Landwirtschaft. Maßnahmen, um die Treibhausgasemissionen in der Landwirtschaft zu senken, könnten im Düngemanagement die Erhöhung der STICKSTOFFEFFIZIENZ sein. Dies bedeutet, gleicher Ertrag durch weniger Einsatz von Düngemitteln. Zudem sollte an der Vermeidung von Lebensmittelabfällen gearbeitet werden. Auch würde sich eine Reduzierung von tierischen Lebensmitteln deutlich bemerkbar machen.

Kommen wir nun noch zu den CONTAINERSCHIFFEN. Sie sind für den Ausstoß von etwa einer Milliarde Tonnen Kohlendioxid im Jahr verantwortlich, das entspricht etwa 3 % der gesamten vom Menschen verursachten CO_2-Emissionen. Wenn man bedenkt, dass 90 % des Welthandels auf dem Seeweg erfolgt und dort hauptsächlich mit Schweröl gefahren wird, ist das kein Wunder. Bei etwa einem Drittel der Weltschifffahrt liegen Start- oder Zielhäfen in der EU. Nord- und Ostsee gehören damit zu den häufigsten und am dichtesten befahrenen Meeren der Welt.

Die meisten Schiffe werden mit Schweröl, den Rückstandsölen aus der Raffinerie, betrieben. Sie enthalten deutlich mehr Schwefel und andere Schadstoffe wie Schwermetalle, als Kraftstoffe, die an Land eingesetzt werden. Somit belasten die Schiffsabgase die Luftqualität besonders mit Schwefeloxiden, Stickstoffoxiden, Kohlendioxid sowie Ruß und Feinstaub. Das tut weder der Umwelt, noch uns Menschen gut. Mit Stand 2018 verursacht die Schifffahrt weltweit etwa 400 000 vorzeitige Todesfälle und circa 14 Millionen Asthmaerkrankungen bei Kindern.

Die Internationale Schifffahrtsorganisation versucht durch Umweltauflagen Regelungen zu finden, die diese Verschmutzung eindämmen, aber durch die Internationalität ist das sehr schwierig. Die NOAA veröffentlichte schon 2012 eine Studie, die bewies, dass vor allem eine geringe Fahrtgeschwindigkeit die Emissionen der Schiffe deutlich reduzieren würde. Die Messungen der Abgase des Hochseeschiffs ergaben, dass dadurch bei Schwefeldioxid und Feinstaub Verbesserungen von rund 90 % gemessen wurden. Der Ausstoß von Rußpartikeln reduzierte sich um 40 %. Würden die Handelsschiffe 30 % langsamer fahren, könnten sie 60 % ihrer Emissionen einsparen, sagt Martin Cames, Leiter des Öko-Instituts in Bonn. Die Schiffe wären dann zwar länger unterwegs, dennoch müssten die Reedereien die Preise nicht erhöhen, denn durch den geringen Treibstoffverbrauch würden sie genug Geld einsparen, um die Mehrkosten ausgleichen zu können. Ja, die Reedereien könnten nicht so viele Aufträge annehmen, damit würden die Frachtkosten steigen, allerdings wäre das auch wieder ein Anlass, mehr vor Ort zu produzieren und nicht alles, vor allem Billigprodukte, zu importieren. Zudem machen die Frachtkosten meist nicht mehr als 5 % der Güterwaren aus. Niederländische Forscher haben ausgerechnet, dass 75 Millionen Tonnen CO_2 jährlich eingespart werden könnten, wenn alle Containerschiffe, Tanker und Großfrachter ab sofort 10 % langsamer fahren würden.

Zudem wurden schon einige Katalysatoren und Abgasfilter erprobt, die die Schifffahrt sauberer machen würden. Bei einigen Schiffen sind sie sogar schon im Einsatz, es könnte aber noch viel mehr passieren.

CONTAINERSCHIFFE SIND FÜR DEN AUSSTOSS VON ETWA EINER MILLIARDE TONNEN KOHLENDIOXID IM JAHR VERANTWORTLICH, DAS ENTSPRICHT ETWA 3 % DER GESAMTEN VOM MENSCHEN VERURSACHTEN CO_2-EMISSIONEN.

››› WAS ERWARTET UNS IN ZUKUNFT?

Diese Frage versuchen Klimawissenschaftler schon seit Jahrzehnten zu beantworten. Sie verfeinern ihre Klimamodelle, tüfteln an neuen Formeln, verbessern die Leistungsfähigkeit ihrer Rechner und versuchen den Jetzt-Zustand der Atmosphäre, der Gletscher, Meere, Hydrosphäre und vieler anderer Details, die eine wichtige Rolle spielen, so realitätsnah wie möglich abzubilden. Denn nur dann sind die Szenarien aussagekräftig. Dabei geben sie aber immer nur eine Spanne von möglichen Temperaturen und Wetterzuständen an, die es in Zukunft geben könnte. Was genau wo und wie passiert, das werden wir nie im Detail wissen. Die Atmosphäre ist ein chaotisches System, sie macht quasi was sie will.

Ja, sogar wir Meteorologen können bei manchen Wetterlagen nicht einmal für den nächsten Tag genau sagen, wo wann der Regen in welcher Intensität ankommt. Wie soll man dann auf das Zehntelgrad genau wissen, wie sich die Temperatur in Deutschland in 50 oder 100 Jahren entwickeln wird. Es sind alles nur Szenarien, Möglichkeiten, die passieren könnten. Dabei haben sich die Erkenntnisse aber schon deutlich verbessert, durch einen größeren Datenpool und moderneres Werkzeug, wie deutlich bessere Klimamodelle. Was Wissenschaftler vor zehn Jahren sagten, nehmen sie jetzt zum Teil wieder zurück, weil sie bessere, modernere Informationen und Möglichkeiten haben.

Die Klimawissenschaften sind immer im Fluss und entwickeln sich fast tagtäglich weiter.

Um zu erfahren, wie sich das Wetter beispielsweise in Deutschland ändern könnte, rechnen einige Klimainstitute mit zwei verschiedene Szenarien: zum einen die Variante, wenn wir starken Klimaschutz betreiben. Dann schaffen wir die Begrenzung von 1 Grad Erwärmung bis zum Ende des Jahrhunderts. Das andere Szenario heißt »Weiter wie bisher«, da rechnen allerdings die Klimamodelle einen Anstieg bis 2100 von 4 Grad gegenüber heute und das hätte weitreichende Folgen. Die Hitzetage würden sich vervierfachen, das bedeutet die Hitzesommer 2003, 2018 und 2019 würden zur Normalität werden.

Zudem sieht man ganz deutlich, die Extreme häufen sich. Ein Beispiel: Nach dem heißen, trockenen Sommer 2018 folgten im Juni 2019 ungewöhnlich früh erneut sehr heiße, trockene Tage, wo neue Rekorde erreicht, über 45 Grad in Europa gemessen wurden. Und das so kurz hintereinander. Da liegt die Vermutung nah, es auf die Erderwärmung zu schieben. Aber wir wissen ja, einzelne Ereignisse beim Wetter bedeuten noch nicht gleich Klimawandel, die Häufung solcher Hitzeereignisse jedoch schon und auch die Rechnungen der Klimaforscher sehen einen Zusammenhang. Sie haben sogenannte ATTRIBUTIONSSTUDIEN gemacht. Das bedeutet, auf einem Rechner laufen hunderte Male hintereinander die Berechnungen eines regionalen Klimamodells. Bei einem Teil der Durchläufe werden Daten aus einem Sommer der vorindustriellen Zeit, also vor dem Jahre 1850 genommen. Im anderen Teil kommen Daten aus dem Sommer 2018 zum Einsatz. In beiden Fällen wird berechnet, wie wahrscheinlich jeweils eine Hitzewelle ist. Dabei käme man für Nordeuropa darauf, dass Hitzewellen heutzutage doppelt so wahrscheinlich wären wie in der vorindustriellen Zeit.

Und die Zahlen der Hitzetage belegen diesen Trend: Mitte des 20. Jahrhunderts gab es in Deutschland im Schnitt vier Tage im Jahr, an denen die Temperatur über 30 Grad stieg. 2018 waren es mehr als 20 solcher Tage. Allerdings sagt die Klimafolgenforschung auch, dass die Fähigkeit der Klimamodelle ihre Grenzen hat und nur der Orientierung dient. Dass die Medien damit gern immer mal Panik verbreiten und Horrorszenarien ausmalen, ist sehr schade.

Unbestritten ist, dass es wärmer wird, der Langfristtrend Deutschlands zeigt ganz eindeutig einen Temperaturanstieg seit 1881 um 1,5 Grad. Zudem gehören global gesehen (laut Weltorganisation für Meteorologie, WMO) die letzten Jahre zu den wärmsten seit Beginn der Aufzeichnungen. Die Zunahme der Wärmerekorde ist ein klares Anzeichen für den anhaltenden, langfristigen Klimawandel, ob Menschen gemacht oder nicht ist dabei nicht wichtig, aber wahrscheinlich.

Wetterdaten zeigen, dass Hitzewellen und andere Wetterextreme in den vergangenen Jahrzehnten zugenommen haben. Das heißt natürlich nicht, dass es jedes Jahr nun auch stetig mehr heiße Tage geben wird. Das Wetter ist wie wir ja gerade gelernt haben, ein chaotisches System. Die Langfristentwicklung kann von Ausreißern nach oben und unten begleitet werden.

Dabei gibt es tatsächlich Hinweise darauf, dass sich die Zirkulation der Atmosphäre ändert. Auf der Nordhalbkugel macht der Jetstream unser Wetter, er ist der Motor für das Entstehen von Hoch- und Tiefdruckgebieten. Es weht von West nach Ost mit teils Windgeschwindigkeiten von 500 Kilometern in der Stunde. Dieser Jetstream hat ein Wellenmuster, in den Wellentälern bilden sich meist Tiefs, in den Wellenbergen Hochdruckgebiete. Wissenschaftler stellen eine Verlangsamung dieses Starkwindbandes fest, was zu eingefahrenen, länger anhaltenden Wetterlagen beispielsweise in Mitteleuropa führen könnte, wie die wochenlangen Hochdruckwetterlagen 2018. Westwindwetterlagen werden unwahrscheinlicher. Eine mögliche Erklärung wäre, dass durch die Erderwärmung die Temperaturen in der Arktis deutlich stärker ansteigen als in anderen Teilen der Erde. Dadurch sinkt die Differenz zwischen hohen Breiten und Äquator; dieser Temperaturunterschied ist aber der Motor für den Jetstream. Wenn dieser langsamer wird, steigt die Neigung zu Hitzewellen im Sommer, aber auch länger anhaltende Kältephasen im Winter sind möglich. Im Kapitel zu den Eisbären, zu Nord- und Südpol haben Sie dazu bereits einiges erfahren.

Neben der Zunahme vor allem an heißen Tagen im Sommer müssen wir uns außerdem auf weniger Sommerniederschläge, insbesondere im Nordosten Deutschlands, einstellen. Im Winter könnten die Niederschläge zunehmen, aber Schneefall wird seltener. In tieferen Lagen könnten sich die Schneetage bis zum Ende des Jahrhunderts halbieren, rechnen verschiedene Klimamodelle. Neben dem Klimaschutz heißt es also auf alle Fälle auch, sich anzupassen. Vor allem in der Landwirtschaft wird es große Änderungen geben müssen, obwohl dort auch schon so einiges passiert ist.

››› NACHWORT

Allen muss klar sein, wir haben nicht mehr viel Zeit. Das emittierte Kohlendioxid in unserer Atmosphäre hat eine Verweildauer von über 100 JAHREN. Umkehrbar ist die Erderwärmung nicht mehr, wir können diese Prozesse nur stark verlangsamen, indem wir alle jetzt etwas beitragen.

Das wichtigste Ziel ist es, die globalen Emissionen so schnell wie möglich auf null zu reduzieren und vielleicht sogar in Zukunft CO_2 aus der Atmosphäre zu entfernen. Deutschland muss aktiver werden – Dänemark geht da mit gutem Beispiel voran, indem es per Gesetz 70 % weniger CO_2-Emissionen bis 2030 verursachen will. Auch China liegt mittlerweile beim Ausbau von erneuerbaren Energien vor Europa. Natürlich gibt es dort noch andere Probleme, wie die heftige Luftverschmutzung in den Metropolen, aber auch die Weltmacht China hat das Thema Klimaschutz auf dem Schirm. Allen Ländern muss bewusst werden: Nichts tun wird teurer als der Klimaschutz, denn die Kosten für die zu erwartenden Folgen des Klimawandels werden jedes Jahr steigen. Die ökonomischen Kosten werden deutlich zunehmen, Migrationsströme und zusätzliche Kriege werden die Weltpolitik nicht leichter machen. Die Politik muss überall etwas tun, die Wirtschaft muss sich umstellen und jeder Einzelne von uns sollte seinen Beitrag leisten. Im Kleinen wie im Großen muss so einiges passieren. Dabei ist das Aufforsten sicher ein guter Beitrag, aber damit allein werden wir die Natur nicht wieder ins Gleichgewicht bekommen. Vor allem das Reduzieren der Treibhausgase muss die Hauptaufgabe sein.

Unsere Erde ist nur für eine bestimmte Anzahl Menschen gemacht, wir dürfen das nicht unterschätzen. Je mehr Menschen es gibt, desto mehr Nahrung und Wasser wird gebraucht, desto mehr Energie wird benötigt. Ressourcen neigen sich schneller dem Ende, es entsteht mehr Müll, mehr Wälder werden abgeholzt, mehr CO_2 wird produziert. Somit hat auch das Bevölkerungswachstum direkten Einfluss auf den Klimawandel. Die Industrieländer müssen deutlich mehr in die Entwicklungshilfe und die Bildung vor allem von Frauen und Mädchen investieren. Familienplanung und Verhütung in den Dritte-Welt-Ländern muss mehr unterstützt werden, damit leisten wir einen großen Beitrag zum Klimaschutz und tun den Menschen vor Ort außerdem etwas Gutes. Langfristige, strategisch organisierte Maßnahmen müssen entwickelt werden, damit wir dieses Problem endlich besser in den Griff bekommen. Dabei geht es natürlich nicht darum, eine Welt ohne Menschen zu fördern, sondern den armen Ländern zu helfen, gesellschaftlich auf die Beine zu kommen. Sie sollen nicht mehr auf möglichst viele Nachkommen angewiesen sein, um zu überleben.

Es gibt nicht DIE Lösung, um unser Klima zu retten, es gibt nur eine Kombination aus vielen sinnvollen, nachhaltigen Maßnahmen. Besonders in die Forschung sollte auch in Zukunft genug Geld fließen, um neue, bisher unbekannte Möglichkeiten und Technologien zu finden. Natürlich ist dies auch mit Verzicht und höheren Ausgaben verbunden, aber die nächsten Generationen werden es uns danken.

UNSER KLIMA WIRD SICH ÄNDERN, DEFINITIV SCHNELLER ALS IN DEN LETZTEN JAHRTAUSENDEN. WIR MENSCHEN MÜSSEN UNS ANPASSEN UND UNSER BESTES TUN, UM DEN KLIMAWANDEL ZUMINDEST ZU VERLANGSAMEN.

>>> QUELLEN

Paul Hawken (2019): »Drawdown – Der Plan«, Gütersloher Verlagshaus

Sven Plöger, Frank Böttcher (2015): »Klimafakten«, Westend Verlag

Erwin Thoma (2019): »Strategien der Natur«, Benevento Verlag

David Nelles & Christian Serrer (2018): »Kleine Gase – Große Wirkung – Der Klimawandel« KlimaWandel GbR

https://ec.europa.eu/clima/change/consequences_de

http://www.oekosystem-erde.de/html/klimawandel-02.html

https://www.welthungerhilfe.de/aktuelles/blog/ursachen-und-folgen-des-klimawandels/

https://www.tagesschau.de/ausland/klimawandel-aufforstung-eth-101.html

www.tuebingen.de

https://www.nabu.de/umwelt-und-ressourcen/klima-und-luft/klimawandel/06740.html

https://blog.wwf.de/10-klimatipps/

https://www.bmu-kids.de/wissen/klima-und-energie/klima/klimaschutzaktivitaeten/klimaschutz-kann-jeder/

https://www.myclimate.org/de/informieren/faq/faq-detail/detail/News/was-sind-sinnvolle-massnahmen-und-loesungen-gegen-den-klimawandel/

https://www.oekoleo.de/artikel/klimafreundlich-leben-tipps-fuer-den-alltag/

https://www.ds.mpg.de/139193/04

https://www.swr.de/swr2/programm/sendungen/wissen/klimawandel-staedtebau/-/id=660374/did=17857170/nid=660374/12p0iwj/index.html

https://de.m.wikipedia.org/wiki/Folgen_der_globalen_Erwärmung_für_den_Weinbau

https://www.mein-schoener-garten.de/lifestyle/gesund-leben/der-garten-im-klimawandel-13331

https://www.swr.de/wissen/klimawandel-insekten-bringen-ernteausfaelle/-/id=253126/did=22358790/nid=253126/1adiuum/index.html

https://de.m.wikipedia.org/wiki/Ökologischer_Fußabdruck

https://www.fussabdruck.de/

https://www.umweltbundesamt.de/themen/abfall-ressourcen/oekonomische-rechtliche-aspekte-der/ressourcenschutzrecht

https://wiki.bildungsserver.de/klimawandel/index.php/Kipppunkte_im_Klimasystem

https://www.pik-potsdam.de/services/infothek/kippelemente/kippelemente

https://verbraucherfenster.hessen.de/umwelt-technik/multimedia/handy-aufladen-wie-macht-man-es-richtig-wie-falsch

https://www.zeit.de/wissen/umwelt/2018-12/klimawandel-klimaschutz-umweltschutz-oekostrom-oekobank

www.waldwissen.net

http://www.bund-rvso.de/waldsterben.html

https://www.nationalgeographic.de/tiere/2017/02/welche-tiere-aufgrund-des-klimawandels-wahrscheinlich-zuerst-aussterben

https://wiki.bildungsserver.de/klimawandel/index.php/Korallenriffe

https://de.m.wikipedia.org/wiki/Eisbär

https://www.pnas.org/content/116/19/9239

https://de.m.wikipedia.org/wiki/Grönländischer_Eisschild

https://wiki.bildungsserver.de/klimawandel/index.php/Grönländischer_Eisschild

https://www.mdr.de/wissen/umwelt/antarktis-eis-schmilzt-schneller-100.html

https://de.m.wikipedia.org/wiki/Jetstream

https://www.ndr.de/fernsehen/sendungen/panorama3/Kreuzfahrtindustrie-und-Klimawandel-Der-persoenliche-Abschied-vom-Eisbaeren,kreuzfahrtschiffe226.html

https://www.bravebird.de/blog/7-triftige-gruende-keine-kreuzfahrt-zu-buchen/

https://www.klimaschutz-portal.aero/klima-killer-nr-1/

https://www.faz.net/asv/un-klimakonferenz/luftverkehr-klimakiller-nr-1-15882714.html

https://www.bmel.de/DE/Tier/tier_node.html

https://www.umwelt.niedersachsen.de/startseite/themen_im_fokus/einweg-kaffeebecher-fragen-und-antworten-faq-149392.html

https://www.nabu.de/umwelt-und-ressourcen/oekologisch-leben/essen-und-trinken/bio-fair-regional/labels/15604.html

http://www.bee-careful.com/de/initiative/der-klimawandel-und-die-bienen/

https://www.welt.de/wissenschaft/umwelt/article149467581/Nicht-nur-Bienen-sorgen-fuer-Bestaeubung-von-Pflanzen.html

https://www.markt.de/ratgeber/nutztiere/bienensterben/

https://www.eon.de/de/eonerleben/internet-so-viel-strom-verbraucht-streaming.html

https://www.deutschland-machts-effizient.de/KAENEF/Navigation/DE/Eigenheim/Heizung/energieeffiziente-heizung.html

https://heizung.de

https://de.statista.com/statistik/daten/studie/37957/umfrage/beheizungssysteme-in-neubauten-im-jahr-2008/

https://de.m.wikipedia.org/wiki/Pelletheizung

https://www.wissenschaft.de/umwelt-natur/die-nebenwirkungen-der-gemuetlichkeit/

https://daemmen-lohnt-sich.de/fassaden-daemmung/vorteile-von-waermedaemmung/klima-und-umweltschutz

https://www.manager-magazin.de/unternehmen/autoindustrie/adac-studie-zu-auto-antrieb-erdgas-autos-mit-bester-klimabilanz-a-1283859.html

https://www.erdgas.info/energie/erneuerbares-erdgas/power-to-gas/synthetisches-erdgas/

https://de.statista.com/statistik/daten/studie/460234/umfrage/ladestationen-fuer-elektro-autos-in-deutschland-monatlich/

https://www.deutschlandfunk.de/lithium-abbau-in-suedamerika-kehrseite-der-energiewende.724.de.html?dram:article_id=447604

https://www.zukunft-mobilitaet.net/77641/zukunft-des-automobils/elektromobilitaet/wie-funktioniert-ein-brennstoffzellenfahrzeug-technik-kritik-bewertung/

https://www.google.de/search?client=safari&hl=de-de&ei=nIZvXY3jONaH1fAP0_Kl6As&q=fassadenbegrünung+klima&oq=fassadenbegrünung+&gs_l=mobile-gws-wiz-serp.1.0.0i20i263j0i67j0l2j0i67l3j0.4971.4971..6397...0.1..0.87.87.1......0....1.........0i71.csdYJBvg9AA#sbfbu=1&pi=fassadenbegrünung%20klima

https://reset.org/knowledge/erneuerbare-energien-biomasse

https://www.zdf.de/nachrichten/heute/das-tempolimit-und-der-klimaschutz-100.html

https://de.m.wikipedia.org/wiki/High-occupancy_vehicle_lane

https://www.bund.net/themen/meere/mikroplastik/hintergrund/

https://www.jetzt.de/das-ist/fionn-ferreira-erfindet-mit-18-jahren-methode-zum-filtern-von-mikroplastik

https://m.simplyscience.ch/teens-liesnach-archiv/articles/geothermie-erdwaerme-erzeugt-energie.html

https://de.m.wikipedia.org/wiki/Geothermie

https://de.m.wikipedia.org/wiki/Wasserkraft

https://www.scientists4future.org/

https://www.bundesregierung.de/breg-de/themen/klimaschutz

https://www.aktiv-online.de/news/wie-geht-es-dem-deutschen-wald-3101

www.umweltbundesamt.de

https://www.zeit.de/2017/36/kreuzfahrtschiffe-CO2-ausstoss-dreck

https://de.m.wikipedia.org/wiki/Containerschiff

http://www.klimafakten.de

http://www.factfish.com/de/statistik/CO2+emissionen+der+produzierenden+industrie+und+der+bauindustrie+von+gesamt

https://www.deutschlandfunk.de/CO2-emissionen-tempolimit-auf-see.676.de.html?dram:article_id=452161

https://www.rgs.org/geography/news/us-military's-carbon-footprint-larger-than-most-co/

https://www.carsharing.de/

>>> SACHWORTVERZEICHNIS